ヒューマンインタフェースの心理と生理

工学博士 **吉川榮和** 編著
学術博士 **仲谷善雄**
博士(工学) **下田　宏** 共著
博士(工学) **丹羽雄二**

コロナ社

ま え が き

　パソコンを代表選手に，ITが世の中に普及し，それにつれてヒューマンインタフェースという言葉も，そのイメージは各人各様であれ世の中に浸透してきて，いまでは何それ？　と聞き返されることもあまりなくなりました。やや高齢の編著者をはじめ若手の各著者は，一般にはヒューマンインタフェースという言葉が耳慣れない頃からヒューマンインタフェースの研究に携わり，そして大学でヒューマンインタフェースに関わるいろいろな講義を担当しています。

　本書は，そのような著者達が，ヒューマンインタフェースの日頃の講義や研究室での研究を振り返り，ヒューマンインタフェースに興味を持ち，これからのヒューマンインタフェースの新しい研究に入ろうと志す若い学生諸君，若い技術者の皆さんを，ヒューマンインタフェースの分野に招待するために，ヒューマンインタフェースに関わる基礎知識として，インタフェースに接する人々の心理・生理に関わる基礎とその応用の展望を中心に構成しました。

　現在ではヒューマンインタフェースという名前の新しい学会や，既存の情報通信系の学会でもそれを対象とする研究部会がいくつもあって，携帯電話からバーチャルリアリティ，ユビキタスコンピュータ，拡張現実感，あるいは人やペットのような動きをするロボットに至るまで，さまざまな新しい技術の研究開発の成果が続々と発表されています。本書ではそのような先端的な技術開発の最前線を幅広く網羅的に紹介するのではなく，むしろさまざまな観点でコンピュータに関わる人の振舞いを理解し，さまざまなヒューマンインタフェースの設計を行うときに，ぜひとも持っていていただきたいと考えた基礎知識を中心にまとめてあります。

　本書の内容をその流れに沿ってかいつまんで紹介します。

　まずヒューマンインタフェースとは何かについて述べます。現代社会でのさまざまなヒューマンインタフェースの存在から，社会の変遷に伴うその歴史的

な発展を展望し，そしてヒューマンインタフェースには，人自身と同様に認知的な側面と感性的側面があることを紹介します．

ついでそのヒューマンインタフェースの認知的側面について述べます．人間の感覚・知覚・認知特性についての認知心理学の知識や，人が実際の情報環境に置かれたときの振舞いの実相への見方を述べた後，インタフェースの認知工学と称する分野の知識と応用を紹介します．ここではインタフェースでの人の認知行動特性の説明を端緒に，ヒューマンエラーの見方や人の認知行動のモデル，ヒューマンエラーの防止対策，自動化と人との関わりへと発展します．

そしてさらに，人のインタフェースでの振舞いを認知面だけでなく，感情，気分，体調といった心理・生理的側面からも理解し，それらの知識をインタフェースの評価や新たなインタフェース創出に結びつけるための基礎知識を述べます．ここでは，本来は固有の学問分野である神経生理学や心理生理学の基礎知識にもふれながら，意識や感情をどのようにとらえるべきかの観点で展望した後に，人の認知行動や感情生起をセンシングする方法を情報行動計測と命名してその実際例を紹介します．さらに，感性的側面を強調するヒューマンインタフェースである，アフェクティブインタフェースへと発展させ，すでに活発な応用展開が図られているその数々の実例を，知的社会エージェントという枠組みでとらえて紹介します．

本書では読者に発展的な学習を行ってもらうために，各章に演習問題を用意し，巻末にはそれぞれの解答例を記載しました．解答例では本文で記載しなかった観点の知識も盛り込んであります．また，用語索引では，重要なキーワードを挙げるとともに英語索引も入れました．

読者の皆さまが本書を通じて，ヒューマンインタフェースという，人とコンピュータの関わりを扱う広範な分野の一端を知っていただき，ますます深化するコンピュータ技術が一人歩きして人を振り回すのでなく，真に人に役立てていただくための糧になりますことを念じております．

2006年2月

吉川榮和

目　　　次

1. ヒューマンインタフェースとは ——————— 1

1.1　現代社会とインタフェース　1
1.2　ヒューマンインタフェースという視点の始まり　3
1.3　安全最優先のシステムとインタフェース　6
1.4　遍在するコンピュータとインタフェース　6
1.5　ユーザ中心主義　7
1.6　知的処理と感性処理—ヒューマンインタフェースの二つの要素　10
演習問題　12

2. 人の感覚・知覚・認知とヒューマンインタフェース ——————— 13

2.1　人の感覚・知覚特性　13
　2.1.1　感 覚 刺 激　13
　2.1.2　知 覚 と 知 識　15
　2.1.3　カクテルパーティ現象　17
2.2　人の記憶システム　18
　2.2.1　三つの異なった記憶　18
　2.2.2　カードの人間情報処理モデル　19
　2.2.3　記憶の三つの処理段階　21
　2.2.4　長期記憶の種類と特性　24
　2.2.5　ネットワークとしての記憶モデル　27
　2.2.6　スキーマとしての知識　29
　2.2.7　カテゴリー判断　32
　2.2.8　メンタルローテーション　34

2.2.9　記憶の社会的側面　35
2.3　思考における推論と制御　37
　　2.3.1　演繹，帰納，アブダクション　37
　　2.3.2　ラスムッセンのモデル　38
　　2.3.3　合理的推論の限界　40
　　2.3.4　二つの制御モード　41
　　2.3.5　ラスムッセンの多段梯子型モデル　42
　　2.3.6　人の認知システムのバランスシート　44
2.4　アフォーダンス　45
　　2.4.1　生態という視点　45
　　2.4.2　アフォーダンスとインタフェース　47
　　2.4.3　状況に埋め込まれた認知　48
　　2.4.4　認知のための道具　49
　　2.4.5　システム設計の状況論的アプローチ　50
　　2.4.6　美と認知　52
演　習　問　題　53

3. インタフェースの認知システム工学　54

3.1　インタフェースでの認知行動とインタフェース　54
　　3.1.1　人と機械の比較と人のパフォーマンス　54
　　3.1.2　理解とインタフェース　57
　　3.1.3　インタフェースでのものの見え方　57
　　3.1.4　三つの認知行動モード　59
　　3.1.5　インタフェースの二つの接点　60
　　3.1.6　わかりやすく使いやすいインタフェース　60
3.2　インタフェースでのヒューマンエラー　63
　　3.2.1　HCIでのヒューマンエラー　63
　　3.2.2　コンピュータ操作のヒューマンエラー対策　64
　　3.2.3　認知心理学でのヒューマンエラーの分類　65
　　3.2.4　汎用エラーモデリングシステム GEMS　66
　　3.2.5　認知的ヒューマンエラー分析の構図　70

3.3　ヒューマンモデル―人の認知行動モデル　*72*
　3.3.1　ヒューマンモデルの基本枠組み　*72*
　3.3.2　工学的応用へのヒューマンモデルの構成要素　*74*
　3.3.3　ヒューマンモデルのコンピュータへの実装法　*79*
　3.3.4　ヒューマンモデルの工学的応用　*88*
3.4　システム安全から見たヒューマンエラーと防止対策　*94*
　3.4.1　ヒューマンエラーの三つの見方　*94*
　3.4.2　システム安全から見たヒューマンエラーの分類　*95*
　3.4.3　ヒューマンエラーの防止法　*95*
　3.4.4　ヒューマンエラー率の推定法　*98*
3.5　人間機械共存系としてのインタフェースの高度化　*103*
　3.5.1　自動化がもたらす人間機械系の副次作用　*104*
　3.5.2　人間機械共存系の状況認識技術　*106*
演習問題　*113*

4. インタフェース行動の心理・生理と情報行動計測 ― *115*

4.1　情報行動計測とは　*115*
4.2　神経系と心理機能　*116*
　4.2.1　神経系全体と働き　*116*
　4.2.2　人の知覚・認知・情動と神経系　*118*
　4.2.3　神経細胞とシナプス　*120*
　4.2.4　神経回路と神経伝達物質の役割　*122*
　4.2.5　人の脳機能のシステム―運動制御と自動性　*127*
　4.2.6　内分泌系と自律神経系の関係　*128*
　4.2.7　情動と身体反応　*131*
　4.2.8　覚醒と睡眠　*133*
　4.2.9　脳機能の神経生理学的計測法　*136*
4.3　意識の階層モデルと情報行動計測　*137*
　4.3.1　三つの意識　*137*
　4.3.2　意識過程を分析する内観法　*139*
4.4　感情のモデルと情報行動計測　*142*

4.4.1　感情の四つの視点　*142*
　　4.4.2　感情の計算モデル　*143*
　　4.4.3　感情の情報行動計測　*144*
4.5　心理生理学的計測の基礎知識　*145*
4.6　インタフェースでの情報行動計測の実際例　*147*
4.7　アフェクティブインタフェースへの発展　*152*
　　4.7.1　アフェクティブインタフェースの構成法　*152*
　　4.7.2　アフェクティブインタフェースでの顔表情の応用　*153*
　　4.7.3　アフェクティブインタフェースの課題　*158*
演 習 問 題　*160*

5. 知的社会エージェント ——————— *161*

5.1　知的社会エージェントとは　*161*
　　5.1.1　知的社会エージェントの設計目標　*162*
　　5.1.2　視覚的な形と行動への予期　*163*
　　5.1.3　基本的な心理と大衆心理の知識　*165*
　　5.1.4　個　　　　性　*166*
　　5.1.5　親密関係を作る　*168*
5.2　知的社会エージェントの応用例　*169*
　　5.2.1　自律型ロボット　*169*
　　5.2.2　身体的インタラクションロボット　*170*
　　5.2.3　エンターテイメントロボット　*171*
　　5.2.4　顔 ロ ボ ッ ト　*172*
　　5.2.5　手話インタフェース　*172*
　　5.2.6　学習エージェント　*173*
　　5.2.7　ネットワークコミュニケーションを支援するエージェント　*174*
演 習 問 題　*174*

引用・参考文献 ——————————————— *175*
演習問題の解答 ——————————————— *182*
索　　　　引 ——————————————— *187*

1. ヒューマンインタフェースとは

ヒューマンインタフェース（Human Interface）ということばを，最近，さまざまな人々がさまざまな思いで使うようになった。この本のヒューマンインタフェースとは何か？ここでは人とコンピュータの接点として，現代社会でのヒューマンインタフェースの姿と過去からの変遷，ヒューマンインタフェースの役割，構成とデザインの考え方，その二つの要素の知的処理と感性処理の意味を述べる。

1.1 現代社会とインタフェース

　現代はコンピュータ社会である。コンピュータを用いたさまざまなシステムが稼動し，日常的に利用されている。家庭では，パーソナルコンピュータ（パソコン）が普及してきてインターネット利用が盛んであるし，家電製品も情報家電としてコンピュータになりつつある。携帯電話は，インターネット機能を持ち，データベース機能が強化されて，コンピュータに近づいてきた。銀行の現金自動支払い機（ATM）や鉄道の自動券売機など，コンピュータであることを意識しなくなっているようなシステムもある。いたるところにコンピュータが存在する**ユビキタス**（ubiquitous）コンピューティング社会は，逆にコンピュータを意識しなくなる社会であると言える。

　コンピュータの普及があまりに急激であったため，日常的にコンピュータを無意識に使用するようなヘビーユーザがいる一方で，コンピュータと聞いただけで尻込みする人達もいるのが現状である。携帯電話に電子メールやインターネットの機能が備わったとき，限られた入力方法のために，大人たちは習熟に

手間取った．一方，子どもたちは容易に習熟して，片手の親指で問題なく入力できるようになった．このように，新たな機器が出現したときに最初に使いこなすのは若年層であり，年齢が高くなるにしたがって使いこなせなくなる．このような情報技術への意識の差や使いこなす技術の差は，いわゆる**ディジタルデバイド**（digital devide）と呼ばれている．ディジタルデバイドの原因についてはさまざまに分析されているが，キーボードを初めとする入力装置の使いにくさ，使われている用語の多くが英語（あるいはその日本語化としてのカタカナ言葉）であること，マニュアルの読みにくさなど，コンピュータ側に存在する敷居の高さが問題とされている．

経済や政治がグローバルに展開し，膨大な情報に目を通して，重要な情報を確実にピックアップすることを要求されている現代社会では，コンピュータは生活必需品であり，だれもが等しく恩恵を受けてしかるべき道具である．しかし大学生でも理解が難しいコンピュータを，今後急増する高齢者や，通常の入出力装置を使用できない障害者の人達を含め，できるだけ多くの人に使ってもらうにはどうしたらよいだろうか．習熟を容易にし，使用上のミスを防ぎ，効率的・効果的に仕事や用事に使うためには，使いやすいコンピュータ，あるいは情報機器とは何かということが真剣に問われなければならない．このことを追求している学問分野が**ヒューマンインタフェース**（human interface）である．現代はまさに，ヒューマンインタフェースがクローズアップされる時代なのである．

もちろん，ヒューマンインタフェースは狭義の「使いやすさ」だけを問題にしているのではない．コンピュータは他の機器と異なり，1台で多用途に用いることができるという特徴を持つ．したがって，それぞれの用途に応じた形態があってよい．しかし現時点では，入出力装置としてモニター，キーボード，マウスなどに限られている．あまりに多様な入出力装置があることも使いにくさを増大させるが，選択肢が少ないことも問題である．音声入出力のようにソフトウェアによる解決も考えられるし，新たなハードウェアを提案することもあるだろう．ヒューマンインタフェースは新たな入出力方法の開発を通して，

コンピュータの可能性を積極的に促進するという面も持つのである。現実世界と仮想世界を融合する**拡張現実感**（augmented reality）や，身に付ける**ウェアラブルコンピュータ**（wearable computer）などはそのような試みの好例である。

　ヒューマンインタフェースはさらに，安全性，環境性などにも関心を持つ。高度に自動化，複雑化された巨大プラント，自動車，航空機などのシステムを安全に運用することは，事故の社会的インパクトの大きさから考えて，社会的に非常に重要な要請である。操作ミスや読取りミスを防ぐための工夫，自動化機械と人間の役割分担，人間を支援する手段，事故の影響を最小限に抑えるための技術などの課題はまさに高度技術社会の課題である。また環境にやさしい人工物の実現は，人間が自然の許容力を超えた活動を行った20世紀への反省から，21世紀の重要な課題となっている。

　使いやすさ，安全性，環境性という問題を解決しつつ，コンピュータの新たな可能性を切り開いてゆく。本書では，そのようなヒューマンインタフェース技術開発の基礎を学ぶ人達を対象としている。ヒューマンインタフェースを考える基礎として，コンピュータや情報技術を利用する側，すなわち人間を知ることが重要であり，必要である。本章では特に，人とインタフェースの関わりの中でさまざまな局面での人間の心理をどのようにモデル化し，設計に活かせばよいかに焦点を当てる。

1.2　ヒューマンインタフェースという視点の始まり

　これまでヒューマンインタフェースという用語を何の定義もなしに使ってきたが，ヒューマンインタフェースとはそもそも何だろうか。技術だろうか。学問分野だろうか。欧米ではヒューマンインタフェースとは呼ばずに，**人間とコンピュータとの相互作用**（human computer interaction；HCI）と呼ぶことが多い。人間とコンピュータの相互作用が関心の対象となっているのである。

　本書ではヒューマンインタフェースを，広い意味で用いたい。すなわちヒュ

ーマンインタフェースを，①人間と人工物のよりよい関係を追求する学問領域として，②そのような関係を実現するための技術の集合体として，そして何よりも，③人間と人工物の関係を総合的に見る視点として，とらえることとしたい。

　ヒューマンインタフェースをこのようにとらえたとき，ヒューマンインタフェース研究は「長い過去と短い歴史」を持っていると言える。昔から人間は道具を製作して使用してきた。さまざまな道具を試す中で，使いにくい道具は淘汰され，本当に使いやすく効果のあるものが選択されて，今日まで残っているのだろう。昔のヒューマンインタフェースは，道具職人の技，技能に大きく負っており，それは徒弟制度などを通じて，**ヒューリスティックス**（heuristics；経験的・発見的に獲得された知識）として継承されてきた。「よいもの」は変わるものではなく，後世に「残る」ということが使いやすさのバロメータだったのである。

　近代の消費社会に至り，大量に「売れる」ことがバロメータになり，売れる商品の開発が追求されるようになった。消費者は，購買という行動を通じて，使いやすい商品を選択しているのである。技術者も，売れる商品とは何かを競争で追究した。ここにさまざまな新しい商品が開発されることになった。そこでは，後世に残る「変わらない」ことよりも，他の商品との差別化，「変わること」が最重要課題であった。ここで注意すべきことは，**デファクトスタンダード**（defact standard）とされる商品の中には，必ずしも使いやすいことが理由で残っているとは言えないものもあることである。企業の戦略や商品が生まれた経緯などの理由が関係している。タイプライターのキーボード配置はその一例である。

　近代工業が出現したときに，ヒューマンインタフェースの新たなテーマも生まれた。それは労働環境という視点である。効率的に製品を製造するためには，少ない人数で多くの製品を確実に製造することが不可欠である。そのため，疲労の少ない工場の実現，事故を防ぐ仕組みなどが研究された。欧州では**エルゴノミクス**（ergonomics），米国では**ヒューマンファクタ**（human factors)と呼んでいるが，このようにして人間工学の成立により，初めて使いやすさが科学的に研究されるようになったのである．しかし，人間工学は外部から計測可能な対象のみを扱った．人間のこころを扱うはずの心理学も同様に，外的に観察可能な行動のみを研究の対象とする**行動主義**（behaviorism）の時代であった．

　ヒューマンインタフェースにとっての最大の画期的出来事は，モニタとキーボードを持つコンピュータの出現であろう．それまでもコンピュータは存在したが，パンチカードのように入出力装置が貧弱であったことと，一部の研究者などにユーザが限られていたために，ヒューマンインタフェースが問題にされることは少なかった．ユーザが使い慣れるように要求されていたのである．ところがモニタとキーボードが使われるようになって，リアルタイムにコンピュータと「対話」できる環境が整ったのである．それはまさに対話であった．人間と同様に，情報を処理する存在としてのコンピュータでありちょうど同じ頃に，コンピュータとのアナロジーで人間を理解しようとする**情報処理的アプローチ**（information processing approach）が出現したことは，このことの象徴であろう．1970年代後半のことであった．

　そして個人用のコンピュータとしてパソコンが出現したことにより，現在に続くヒューマンインタフェース研究が始まった．パソコンの登場と同時に，いわゆる「ユーザ＝非専門家の利用者」という概念が登場してきた[1],[†]．多くのユーザがコンピュータを利用するようになった1980年代は，ヒューマンインタフェース幕開けの時代であった．この時期にコンピュータの入力装置にマウスが加わり，モニタもマルチウィンドウとなって，入出力の自由度が向上したのである．

---

† 肩付き数字は，巻末の引用・参考文献の番号を表す．

1.3 安全最優先のシステムとインタフェース

1977年スペイン領カナリア諸島テネリフェ空港でのジャンボジェット機同士の衝突事故は，航空界のヒューマンファクタへの取組みの転機となった。同じ時期に原子力産業界にもヒューマンファクタに関する重要な動きがあった。それは1979年の米国スリーマイル島原子力発電所事故と1986年の旧ソ連のチェルノブイリ事故である。発電所の運転員だけでなく市民も犠牲になったこれら原子力発電所大事故の原因に，テネリフェ空港の悲劇と同様，インタフェースを介する人と機械システム，人と人とのコミュニケーションにおけるヒューマンエラーの問題が挙げられた。航空機や原子力発電所など，**安全性を最優先するシステム**（safety-criticalなシステム）では，ヒューマンエラーの防止がヒューマンファクタの重要課題となった。そして，複雑で高度な機械システムを誤りなく操作するための人間特性に関する心理学，生理学，組織社会学などの広範な領域にわたる人間科学の研究が進展した。そして現代社会のインフラを支えるsafety-criticalなシステムでの専門家用ヒューマンインタフェースの向上のために，複雑で大規模な機械システムでの人と機械の関わりの解明や，ヒューマンエラーの理解から，コンピュータをいかに人と機械システムのインタフェース向上に活用するか，といった方向で**認知システム工学**（cognitive systems engineering）と名付けられる分野が発展した。

1.4 遍在するコンピュータとインタフェース

コンピュータの小型チップ化，マイクロ化に伴い，現代はユビキタスコンピューティング社会と呼ばれる。そしてコンピュータおよびその技術を用いたシステムがいたるところに存在する。小型のICチップが家電製品に埋め込まれたり，産地管理用に食品に張り付けられたりしている。近い将来には，街角にナビゲーション用タグとして貼り付けられたり，健康管理用として体内に埋め

込まれたりするようになるだろう．また現代はユビキタスネットワーク社会でもある．どこにでも無線LANなどの通信路が用意され，いつでも，どこでも，自分のパソコンからネットワークにつながるようになってきている．そしてエージェントによる分散コンピューティングが盛んに取り組まれるようになってきた．このような社会におけるヒューマンインタフェースでは，以下のような課題が考えられる．

① どこにいても必要な情報を入手でき，操作ができる．例えば，外出先から冷蔵庫の中身を確認し，必要な購入品のリストを作成し，購入先のルートを最適化計画して，ナビゲートするなど．

② 人間の行動を妨害しない．人間がある目的を持って行動しているときに，目的を達成するのに必要な行為だけに集中できるように，それ以外の付属的行為を支援する．例えば，入室をセンサで検知して照明を自動点灯するなど．

③ 社会を見守る．例えば，犯罪や事故を防ぐとともに，発生時にはいち早く発見し，適切な処置を自動的に行うなど．

このような社会では，便利な反面，個人のプライバシーの侵害という大きな問題がある．個人データの漏洩や盗聴などの犯罪行為への対応も考慮しなければならない．使いやすさ，便利さの一方で，それらとはなかなか両立しにくい課題があることを十分に理解し，技術が突出して先行するのではなく，社会的合意を取りながら解決していく姿勢が求められる．

1.5 ユーザ中心主義

ヒューマンインタフェース研究が進展する中で，人間のほうが機械の使いにくさに合わせるのではなく，機械のほうが人間に合わせなければならない，すなわちユーザの視点で技術や機器を開発するべきであるという**ユーザ中心設計**(user centered design；UCD) が提唱されてきた．設計者主導で製品が作られたために，ユーザにとっては使いにくい製品になってしまった例は少なくな

い。こうした事態を避けるためには，ユーザがどのような製品を期待しているのか，ユーザにとってどういう製品が望ましいのかをつねに検証・確認しながら開発を進めるべきである。このような考え方と，そのための手法を示したのがユーザ中心設計である。ノーマン（Norman, D.A.）はユーザ中心設計を提唱する中で，四つのポイントを示した[2]。すなわち，①開発プロセスを適切なフェーズに切り分けること，②各フェーズでユーザによる評価を基にした検証を行うこと，③開発に携わるメンバー全員がすべてのプロセスに立ち会うこと，④誰が開発に携わっても同じ質の作業を進められるよう手順化すること，である。

　ユーザのニーズを把握するうえで，ノーマンは，「使いやすさはもちろん，製品によってもたらされる成果や使用感，使用中や使用後にユーザの中に起こる感情なども含めた，ユーザの体験すべて」である**ユーザエクスペリエンス**(user experience) を重視すべきであることを主張した。ユーザエクスペリエンスには，ユーザが①特定の製品を所有したいと思うこと，②使用して楽しいこと，③所有していてうれしいこと，④これまでになかった体験ができること，⑤捨てる際に同じ製品をまた購入したいと思うこと，などが含まれる。製品の購入計画段階，購入時，製品の使用時，廃棄時などの，製品に関わるあらゆる場面で，ユーザが製品に対してどのように評価し，どのように行動するかを，開発段階から想定して設計すれば，ユーザが期待するユーザエクスペリエンスを提供できる。この考え方は現在，広く浸透してきつつある。

　大量消費社会では，社会の効率が最重要視されたため，大量生産された一定規格の製品を皆が使用し，高齢者や身体障害者などにとって使いにくいものであっても，それは使う側が努力すべきだという認識が主流を占めていた。所有することが第一であって，使うことは二義的だったのである。しかし生活レベルの全体的な向上，個人主義の浸透，多様な文化・習慣への関心という世界的動向を受けて，多様なニーズの存在に目が向けられるようになってきた。この動きによって社会福祉への関心を促進し，すべての人々が幸福になる権利が改めて確認された。このような意識の変化が，障害者にとっても，使いやすいデ

ザインを指向する**バリアフリーデザイン**（barrier-free design）の動きを生んだと言える。一方で，情報処理技術をはじめとする工学は高いレベルにまで進んできており，さまざまなニーズに対応することが可能になってきた。これらのことが相まって，ユーザ中心主義が出てきているのである。技術は社会と独立のものではなく，つねに社会の影響を受け，社会に影響を与えている。このことはもっと認識されるべきであろう。

　ここで，このような動きと，最近注目されている**ユニバーサルデザイン**（universal design）との関係を議論したい。ユニバーサルデザインは，調整や手を加えなくてもだれにとっても使いやすいデザインを指向するものである。その根底には，使いやすさには万人に適用可能な普遍性があるとする考え方があり，① 誰もが公平に使えること，② 使ううえで柔軟性があること，③ 簡単で，直感に頼った使い方ができること，④ 情報がわかりやすいこと，⑤ エラーに対する許容性が高いこと，⑥ 身体的負担が小さいこと，⑦ 使いやすいサイズや広さが確保されていること，という七つの原則がある。これにはユーザの多様性を使いやすさの普遍性でカバーしようという姿勢がうかがわれる。

　バリアフリーデザインとユニバーサルデザインは，同様に使いやすさを指向しながらも，障害者の使いやすさとユーザ一般の使いやすさとは相容れるものではないように見えるが，すべての人にとって使いやすい原則は存在するのは確かであろう。ただし，すべての人を等しく満足させるようなデザインが存在するとは考えにくいため，ユニバーサルデザインを最低限の要求仕様として，そのうえで個人ごとの嗜好に対応できる**個別対応**（customize）の工夫が求められるだろう。ニーズの多様化に対応することは，市場が細分化されることである。このような市場で一つの製品が大きく販売量を伸ばすことは難しい。いくつかの製品群が，それぞれのターゲットとなるユーザ層を独自にサポートし，製品群全体として社会に受け入れられることを目指す必要がある。場合によっては，複数の企業のタイアップによる製品群のラインナップ整備が必要になるだろう。このような状況では，個々の製品がどのようなユーザ層をターゲットとしているのか，またそこでサポートしようとしていることは何か，とい

うことを強く意識しておく必要がある。これは，マーケティングの原点に戻ったことを意味する。ユーザ層をどのように分類するのかを考え，特定のユーザ層の生活圏，嗜好されるライフスタイル，実際の行動様式などを理解し，他の製品との組合せ利用も考慮したうえで，製品を提案することが不可欠である。製品開発者，研究者にも，このような意味でのマーケティングのセンスが要求される。ヒューマンインタフェースが考慮すべき範囲はここまで広がってきているのである。

1.6 知的処理と感性処理 ― ヒューマンインタフェースの二つの要素

人間の目的や嗜好は行動として現れる。行動を決める要因には，**知性**（合理性）と**感性**（魅力性）という対照的な二つの要素がある。これを情報処理として見れば，それぞれ**知的処理，感性処理**ということになる。感性は英語でも"Kansei"と表記され，日本で大きく発展した概念である[3]。両者の違いを**表1.1**に対比して示す。

表1.1 知的処理と感性処理[3]

	知的処理	感性処理
情報の種類・質	明示的な記号が中心 分析的 抽象的 理性的，思考的 正確性，一意性 領域一般的傾向が強い 状況依存性が弱い	暗示的な生データが中心 総合的 具体的 直感的，感覚的 あいまい性，多義性 領域固有的傾向が強い 状況依存性が強い
情報量	比較的小さい 圧縮しやすい	膨大 圧縮しにくい
処理の特徴	論理性が重んじられる 合理的である場合が多い 客観性を重視 理解，説明可能 結果が比較的予測可能 最適解が得られやすい 修正や制御が比較的容易	快―不快が大切 非合理的に見える場合がある 主観性が尊重される 共感，追体験可能 予測困難な場合が多い 最適解かどうかわからない 望むように制御することは困難

産業場面がおもなフィールドのヒューマンインタフェースでは，個人的な嗜好よりも効率や安全性などの公的評価視点が重視されてきた。そのため，その力点は知性と感性のうちの前者にいくぶん偏ってきた。一方，一般社会へのパソコンや携帯電話の普及で，最近は後者への関心が高まってきている。この背景には，テレビゲーム，音楽CD，ファッションなどの個人重視の感性文化で育った世代が一定の年齢に達して人口比率が高まってきたこと，携帯電話やパソコンが個人情報端末化し，特に女性を中心として感性からの視点で製品の購買が決まるようになったこと，そして**認知科学**（cognitive science）や**人工知能**（artificial intelligence）の研究などで知識偏重のアプローチが手詰まりとなり，人間の持つ感性が情報処理に果たす役割への注目度が高まったこと，などの理由がある。

　感性の定義は研究者の数だけあると言われている。しかし表1.1の内容はおおかたの共通認識であろう。概略的に言えば，感性は，特定の主体にとっての独自の世界観であると言える。嗜好や価値観の基礎にある自己認識とも直結したものであり，他者の評価とは独立したものである。ある人にとって「これはよい」と思われるデザインは，他者がどのように評価しようと変わるものではないし，そのときの評価の視点はその人独自のものであって，他者との議論によって真偽，善悪，優劣が決まるものではない。このように感性は優れて主観的なものであるだけに，さまざまな行為，特に購買行動を選択する際の動機として強い影響力を持つ。この意味で感性はヒューマンインタフェースにとって非常に重要な要素である。

　感性をヒューマンインタフェースで扱うためには，まず個人の感性を定量的，定性的に計測する必要がある。このための手法として，被験者に多段階（5段階など）で対象の評価（好き―嫌い，きれい―きたない，など）を回答してもらい，その結果を因子分析法などで多次元尺度化する**SD法**（semantic differential）[4]などが考案され，広く使われている。また定性的な方法として，**自然言語**（natural language）で印象を回答してもらう方法などがある。

最近は人間同志の社会的交流のベースである社会的知性に注目した**インタフェースエージェント**（interface agent）や，さらに人の感性計測を取り入れた**アフェクティブインタフェース**（affective interface）が登場してきた。コンピュータやセンサの小型化，多機能化はウェアラブルコンピュータや人の各種生理指標の計測，環境に遍(あまね)く埋め込まれた CCD による人の表情や視線などの認識を可能とし，人の感情的反応をコンピュータが認識して人の体調や好みに適応する，人間にやさしいヒューマンインタフェースを目指した研究が進んでいる。

―――― 演 習 問 題 ――――

【問 1.1】 パーソナルコンピュータがヒューマンインタフェースに与えた影響をいくつか挙げよ。
【問 1.2】 安全性に関するヒューマンインタフェースの工夫の例を挙げよ。
【問 1.3】 設計者がユーザ中心主義，ユーザエクスペリエンスを追究するうえで，実際にはユーザからうまくニーズを発掘できないことが少なくない。それはなぜか説明せよ。
【問 1.4】 感性を SD 法などの手法で数値化するときの注意点を説明せよ。

2. 人の感覚・知覚・認知とヒューマンインタフェース

　ここでは，コンピュータとの接点であるヒューマンインタフェースでの人の心理に関わる基礎知識として，まず人の感覚・知覚・認知の諸相を述べ，特に人の記憶の種類と性質，記憶を用いて行う思考のあり方を考える。そして，現実の環境の中で人が世界をどのように見ているのか，それがヒューマンインタフェースとどのように関わっているのかを考える。

2.1 人の感覚・知覚特性

　人は，感覚器官を通じて外界を知覚している。感覚や知覚という言葉はよく用いられるが，いずれも外界と人の心の接点である[5]。その区別は，外界の光や音を受け取って末梢から中枢へ流れる情報入力を**感覚**（sensation），脳の中枢で外界の意味を読みとることを**知覚**（perception）としておく。

2.1.1 感覚刺激[3]

　心理学では，感覚・知覚の対象となる物理化学的現象を**刺激**（stimulus）と呼ぶ。人間の知覚可能な刺激の強さは客観的数値で表すと非常に範囲が広い。人間の眼は数 10 km 離れたろうそく 1 本の明かりを検出できるし，耳は木の葉 1 枚の落ちるかすかな空気の振動を音として聞くことができる。一方，強い刺激に対しては，光も音も，最小限の強さの約 1 兆倍まで知覚できる。
　人間が 50 % の確率で感知できる最小限の刺激の強さを**刺激閾**（stimulus threshold）と呼ぶ。人間の感度はつねに一定したものでなく，たえず揺れ動いているため，確率的にとらえることが有効である。ある刺激に注意を集中し

て信号を待っているときには見逃す確率は小さいが，微弱な信号に過剰に反応してしまう確率も増える。このとき，人間の感受性そのものが変わったわけではなく，反応の基準が変化したと言える。一方，刺激が強すぎて耐えられなくなるレベルになると，通常の知覚ができなくなり，痛みなどの別の感覚が生じるようになる。このような刺激強度の限界を**刺激頂**（terminal stimulus）と言う。人の感覚は，古くから五感と言われるようにいくつかの種類がある。これを**感覚様相**（sense modality）ないし**モダリティ**（modality）と呼ぶ。

　生理学者のウェーバー（Weber, E.H.）は，刺激の違いを感知し得る最小の差異を**弁別閾**（differential threshold）と名付けた。彼は，「弁別閾は固定したものでなく，基準となる刺激の強さに比例する」という**ウェーバーの法則**（Weber's law）を見出した。今日では，比較的に狭い刺激の範囲において近似的に成り立つ法則と考えられている。

　精神物理学（psychophysics）を提唱した物理学者のフェヒナー（Fechner, G.T.）は刺激と感覚との対応について，感覚量 E と物理量 S の間に次式が成立することを見いだした。

$$E = k \log S \tag{2.1}$$

これはウェーバーの法則をフェヒナーが発展させたもので，**ウェーバー・フェヒナーの法則**（Weber-Fechner's law）と呼び「感覚の強さが刺激強度の対数に比例して増大する」ことを意味する。ここで定数 k は，明るさや重さの感覚など，感覚様相や，同一感覚様相内でも測定する対象によって異なる。

　一方，感覚量の比率を直接数値で評定させる手続きである**マグニチュード推定法**（magnitude estimation）を開発したスティーブンス（Stevens, S.S.）は，感覚量 E と物理量 S との関係が個人差が少なく，安定しており，つぎのようなべき乗の法則に従うとした。

$$E = kS^n \tag{2.2}$$

式（2.2）でのべき指数 n は感覚様相や観察対象によって変わる。例えば見えの長さのべき指数は 1.0 で，見えの長さの判断は実際の長さに比例する。重さのべき指数は 1.45 で，ごくわずかな物理的変化に対して心理的判断が敏感

に反応する。明るさや音の大きさのべき指数は0.3～0.5で，物理量に多少の変動があっても心理的判断は変化しにくい。

人間を含む動物の神経系において，感覚様相の情報を伝達するのは電気的信号である。電気インパルスの発生と伝導は精巧な電気化学的メカニズムによって成り立っている。人が感覚を体験するためには，外部環境の物理化学的刺激を検出して，神経系で処理されるインパルスの形に変換する感覚受容器が必要である。一般的に五感と言われる種々の感覚を生じるための適切な刺激（**適応刺激**；adequate stimulus），**感覚受容器**と**感覚神経系**を含む感覚の種類を**表2.1**に示す。

表2.1 感覚の種類[3]

感覚様相	適応刺激	感覚受容器	感覚中枢
視覚	電磁波（可視光線）	眼球/網膜内の錐体と桿体	大脳皮質後頭葉視覚領野
聴覚	音波	内耳/蝸牛内の有毛細胞	大脳皮質側頭葉聴覚領野
味覚	水溶性味覚刺激物質	舌の味蕾内の味覚細胞	大脳皮質側頭葉味覚領野
嗅覚	揮発性嗅覚刺激物質	鼻腔上部の嗅覚細胞	嗅脳および嗅覚領野 大脳辺縁系
皮膚感覚 　触覚 　圧覚 　温覚 　冷覚 　痛覚	機械的刺激 機械的刺激 電磁波 電磁波 すべての強大な刺激	皮膚内のメルケル細胞，マイスナー小体，パチニ小体，クラウゼ終梶などさまざまな感覚細胞	頭頂葉，体性感覚野および小脳
自己受容感覚 　平衡感覚 　運動感覚 　内臓感覚	機械的刺激	三半器官内の有毛細胞 筋・腱・関節内の感覚細胞	頭頂葉，体性感覚野および小脳／間脳
	感覚というよりそれぞれの内臓の要求信号を指す。例えば食欲，渇き，尿意など。		

2.1.2 知覚と知識[5]

図2.1を見てほしい。これは何に見えるだろうか。見方によって，左向きの

アヒルにも見えるし，右上を向いたウサギにも見える。このようなものを**多義的絵**と言うが，どちらに見えるかは，アヒルをよく知っているか，ウサギをよく知っているか，最近どちらを見たか，どちらを好きかなどのさまざまな条件が関係する。いずれにしても，知識があることによって，何が見えるかが決まる。しかし，この絵をウサギと見ているときにはアヒルは見えてこなく，アヒルと見ているときにはウサギは見えてこない。このことは，知覚が知識だけの問題ではなく，**注意**（attention）と関係していることを示唆している。

それでは**図 2.2** を見てほしい。これは有名なミュラー・リエルの**錯視図**である。この図についての知識があったとしても，どうしても図 (a) の直線部のほうが図 (b) の直線部よりも長く見えてしまう。これは知識の問題ではない。知識や意識とは無関係に，自動的にこのように見えるのである。

あるいは**図 2.3** を見てほしい。図 (a) の場合には，三つの円の上に重なるような白い三角形が見える。図 (b) の場合には，七つの点を結ぶことで北斗七星が見える。

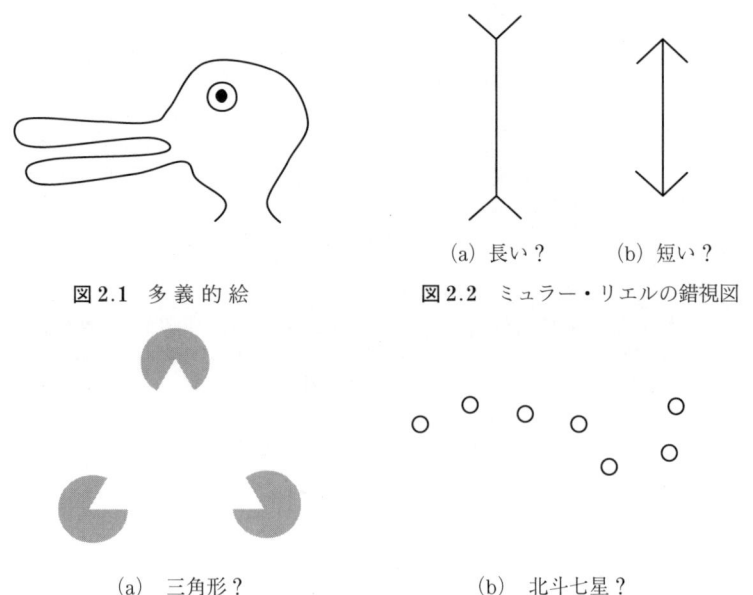

図 2.1　多義的絵　　　　図 2.2　ミュラー・リエルの錯視図

(a) 三角形？　　　　(b) 北斗七星？

図 2.3　ゲシュタルト図形

図2.2や図2.3のような見え方は，見る人間が意図しているわけではない。ごく自然にそのように見えてしまうのである。ウェルトハイマー（Wertheimer, M.）はこのような視覚の特性を**ゲシュタルト**（gestalt）と呼び，ゲシュタルト心理学を提唱した。彼は，人間の知覚には，与えられた条件の下で，できるだけまとまりのよい安定した構造を見いだす（**群化**；grouping）力学的均衡化の原理が働くと主張する。そして，そのような原理の背後に，近くに存在するものを群化する「近接の要因」，属性の似たものを群化する「類同の要因」，空間を囲む図形を構成する「閉合の要因」，一定の方向に並ぶ点や線を群化する「よい連続の要因」などの心理的特性を挙げている。

このような意識や知識とは関係のない自動的な処理は，視覚だけでなく，聴覚など他の感覚にも存在する。フォダー（Fodor, J.A.）は，感覚を中心とする自動的・強制的処理を「**モジュール的**」**情報処理**と呼び，真実性や妥当性の判断を行う中枢的情報処理とは異なる性質を持つものとして区別している[6]。すなわち，知覚には，真実性や妥当性の判断を抜きにして，見え方，感じ方が決まっている部分があるのである。このような知覚の部分には，知識の介入する余地はない。知識としてわかっていても，どうしてもそのように知覚してしまうのである。錯視やゲシュタルトの特性は，うまく利用すればよいヒューマンインタフェースを実現できるが，使い方を間違えると誤認を誘うことになるので注意を要する。

2.1.3 カクテルパーティ現象

多くの人が参加して開催されるパーティでは，気の合う仲間が集まって小さなグループを構成し，あちらこちらで談笑する。この時，仲間内で交わされる会話とは別に，周囲のざわめきも聞こえてくるはずである。しかし，仲間内の会話とざわめきとは完全に区別され，通常は仲間内の会話だけが聞こえてくる。ところがある時にふと，自分の名前が呼ばれるのを耳にすると，仲間内の会話は聞こえなくなり，どこかで話される自分のうわさ話を探すことになる。このように，それまでは注意を払っていなかった情報源に対しても，自分にと

って重要な内容が現れたとたんに注意が向く現象を**カクテルパーティ現象**(cocktail party effect) と呼ぶ[7]。カクテルパーティ現象については聴覚を中心にさまざまな実験研究が行われ，注意の向け方と深い関係を持っていることがわかっている。ある実験では，注意の向けられた会話しか内容を覚えておらず，注意の向けられた対象のみが意味処理の対象になると考えられたが，その後の実験で，注意されていない会話の内容の一部も，ある程度の意味処理されていることが判明している。現在では，耳に入ってくるすべての音が，特定のレベルまで処理されて，その中から聞く人にとって重要なものだけが，さらに深い意味処理を施されると考えられている。監視制御の世界を中心に**気配情報**(presence at the periphery of human awareness) の重要性が指摘され，気配への**気づき**（awareness）を支援する技術の開発が行われている[8]。視覚や聴覚におけるカクテルパーティ現象は，人間の情報処理が，その時点で最も重要な対象だけを選択して意識的に詳細処理し，それ以外のものは意識に上らない処理によって概略的に処理するという処理を，注意の対象の切替えによって時分割で行っているメカニズムを示唆する。

2.2 人の記憶システム

ここでは人の記憶システムと特徴について，認知心理学の知見に基づいて基礎的知識を説明する。

2.2.1 三つの異なった記憶

人の記憶はおもに保持時間の違いから，**感覚記憶**（sensory memory），**短期記憶**（short-term memory；STM）と**長期記憶**（long-term memory；LTM）の3種類に分類される。

感覚器官に入力された外界の情報は，短期間だけ感覚器官に保持される。これが感覚記憶である。視覚では1秒弱，聴覚では約4秒間保持される。テレビや映画の映像は，本来はコマの連続であるが，一連の動画として認識できるの

は感覚記憶の機能による。

　感覚記憶のうち，注意が向けられたものが短期記憶に転送される。短期記憶の容量は小さいので，転送時に多くの感覚記憶が忘却される。さらに短期記憶の情報は時間の経過とともに忘却される。

　人間は，短期記憶の容量的制約により，外界情報を無意識的に知識としてコード化し，無尽蔵な記憶容量を持つ長期記憶に貯蔵する。一方，外界情報を選択し，知覚した外界情報と長期記憶中の知識とを比較し，合致する知識を高速に検索する。このようにして，長期記憶から検索された知識も短期記憶に保持され，その後の意識処理に供される。

　感覚記憶，短期記憶，長期記憶のそれぞれの，保持時間，容量，移行，機能を表2.2にまとめる。

表2.2　各記憶段階の容量と機能[3]

	感覚記憶	短期記憶	長期記憶
保持時間	(視覚) 100～300ミリ秒 (聴覚) 2, 3秒	18秒 (80％忘却)	1分以上
容量	8～10項目	7±2	無限
移行	限界容量による選択	維持リハーサル (浅い処理)	精緻化リハーサル (深い処理)
機能	処理 コード化	作業 (作業記憶)	思い出—エピソード記憶 知識—意味記憶

2.2.2　カードの人間情報処理モデル

　人間の認知心理学的特性に関する多くの知見を，コンピュータとのアナロジーの観点から，記憶システムと処理システムとに分類整理したものが，カード (Card, S.K.) の**人間情報処理モデル** (model of human information processor) である[9]。定量的特性も考慮した点に特徴と実用性がある。これを図2.4に示し，その特性値を表2.3に示す。表2.3は，インタフェースの違いによるタスク遂行時間の机上推定など応用範囲が広い。

　図2.4に示すように，このモデルでは，入力となる感覚器官は目と耳に限定

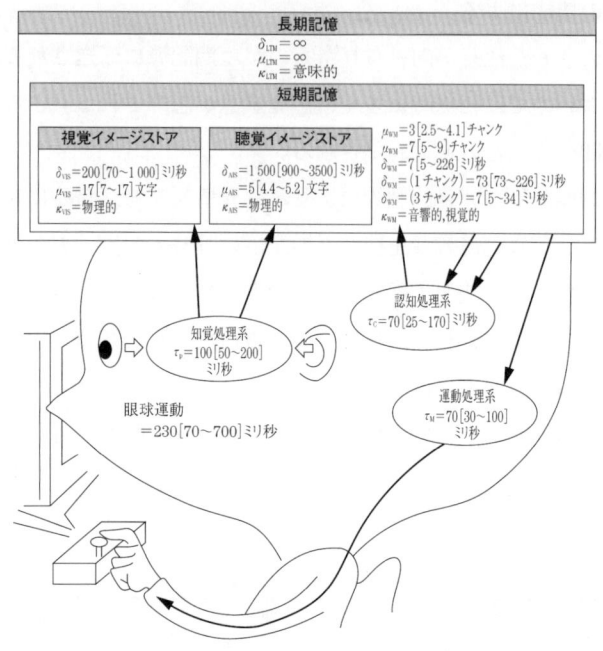

図 2.4 カードの人間情報処理モデル[9]

表 2.3 カードの人間情報処理モデルの特性値[9]

	δ：保持時間	μ：保持容量	κ：コードタイプ
知覚システム			
VIS	200[70〜1 000]ミリ秒	17[7〜17]文字	物理的
AIS	1 500[900〜3 500]ミリ秒	5[4.4〜6.2]文字	物理的
認知システム			
WM	7 [5〜226] 秒*	7 [5〜9] チャンク	音響的, 視覚的
LTM	∞	∞	意味的
	τ：周期時間		
知覚処理系	100 [50〜200] ミリ秒		
認知処理系	70 [25〜170] ミリ秒		
運動処理系	70 [30〜100] ミリ秒		

＊ 再生項目数：1チャンク=73 [73〜226] 秒, 3チャンク=7 [5〜34] 秒

しているが，これらから入力された感覚情報は知覚処理系を介して，原型の物理的なコード形態のままでそれぞれ，**視覚イメージ貯蔵庫**（visual image storage；VIS）と**聴覚イメージ貯蔵庫**（auditory image storage；AIS）に入

る。これらが音響的ないし視覚的イメージとして短期記憶に変換され，そこで認知処理系によって意味的なコードの情報を保持する長期記憶とのインタラクションで認知処理が周期的に行われ，その結果，運動処理系を起動する。表2.3の中の**チャンク**（chunk）については後述する2.2.3項(3)で述べる。

一方，長期記憶では保持時間，容量とも莫(ばくだい)大であるが，その記憶情報は意味情報に変換され記憶される。

2.2.3 記憶の三つの処理段階

以上に述べた記憶の特性のうち，情報処理の流れから，覚えること，覚えていること，そして思い出すことという三つについて，符号化（**記銘**），貯蔵（**保持**），検索（**想起と忘却**）の3段階に分けて，それぞれの特徴を述べる。

（1）**感 覚 記 憶**　表2.3に示したカードの人間情報処理モデルにおける知覚システムのVIS，AISは，それぞれ**アイコニックメモリ**（iconic memory），**エコイックメモリ**（echoic memory）とも言う[14]。VISは視覚情報を一時的に貯蔵する機能があり，約10項目が貯蔵される。VISのほうがAISに比べて一度に貯蔵できる量が多い。一方，AISはVISよりも保持時間がやや長い。視覚情報と異なり聴覚情報は一連の音のつながりを持たないと意味をなさない。例えば「おはよう」という言葉を聞いたとき「お」を聞いただけでは意味がわからない。

（2）**作 業 記 憶**　短期記憶は，**作業記憶**（working memory；WM）とも呼ばれる。例えば58＋66の暗算をする場合を考える。まず1の位の8と6を足して14，これを覚えておいてつぎに10の位の5と6を足して110，ここで初めの14を思い出して110に足し合わせて124，というように答を求める。つまり14を覚えておくのに短期記憶を使っている。このように仕事の途中に使うので作業記憶と言う。推論においては，公式などの知識を長期記憶から取り出して作業記憶に置き，計算や各種操作をして答を導出する。

短期記憶というモデルが情報の貯蔵機能（記憶機能）を重視するのに対して，作業記憶は，認知機能の遂行中に情報がいかに操作され，変換されるかと

いう情報処理機能を重視したモデルである。

（3） **チャンク**　　短期記憶は保持時間が7秒程度で短く，容量も小さい。ミラー（Miller, G.A.）はこのような容量の制約に法則性があることを発見し，これを**マジカルナンバー7**（magical number seven）と呼んだ[10]。すなわち，短期記憶に一度に記憶できる容量は，7項目程度（7±2）に制限されているのである。電話番号の桁数や，組織において直接管理する部下の数などは，この限界を考慮して決められている。

ところが，この制約を超えて記憶する方法がある。それが表2.3の中の**チャンク**（chunk）である。チャンクとは，一つのまとまりのある存在として構造化された情報単位を言う。例えば，$\sqrt{2}=1.414\,213\,56$は9桁の数字の連続であり，このままでは容易に記憶できない。しかしこれを「一夜一夜に人見頃」と語呂合わせにして暗記すれば，長い数字もすぐに思い出せる。これは，全体を意味付けすることにより，一つのチャンクとして認識することを意味する。チャンクとして情報をまとめること（**チャンク化**；chunking）により，認識・記憶効率が大きく向上する。じつは，短期記憶の容量の制約は，項目数ではなく，チャンク数であることがわかっている。すなわち7±2チャンクが短期記憶の容量の制約である。

7±2チャンクという制約は，発達や訓練によって変化せず，個人差もない。しかし，この7±2という1単位は，文字一つのことから，カテゴリー名や，より広い概念まで幅広く当てはまる。チャンク化によって，1単位の中に含まれる量を増やすと，短期記憶の容量が実質的には増えることになる。電話番号を市外局番と2組の数字という3組で表現するなど，人間は日常生活の中でこのような記憶の特性をうまく利用してきた。どのようなチャンク化を行うかは発達，訓練，文化の影響を受ける。専門家は膨大な量の情報をうまくチャンク化して覚えることができる。古くからの記憶術には，このようなチャンク化を利用したものがある。

（4） **記銘と再生**　　長期記憶と短期記憶の違いを反映している実験に，項目を一つずつ呈示した後に呈示順序に関らず自由な順序で項目の再生を求める

自由再生（free recall）の実験がある。この実験の結果，初めの部分の記憶の正答率が高く（**初頭効果**；primacy effect），また終わりの部分の正答率も高かった（**新近性効果**；recency effect）。また，すぐに再生せずに計算問題を行った後で再生を求めると，新近性効果が無くなる。このことから，新近性効果は，短期記憶を反映するものであり，すぐに思い出させずに何らかの認知作業を行わせると，消失してしまうのだと考えられた。

　短期記憶の忘却を防ぐ方法として，短期記憶内に貯蔵された情報を，意図的または無意図的に，何回も反復して想起する**リハーサル**（reharsal）がある。リハーサルによって情報を短期記憶にとどめ，長期記憶へと転送する可能性を高めることができる。

　その後の実験研究で，短期記憶から長期記憶への転送は，リハーサルを単純に繰り返すだけでは不十分であることが示されている。クレイクとロックハート（Craik, F.I.M. & Lockhart, R.S.）は，記憶は情報に対して行われた認知的操作の副産物であり，情報を深く処理するほどその保持は強化されるという**処理水準モデル**を提唱した[11]。例えば，単語の文字形態や音韻に注意したり，繰り返し読み上げるような浅い処理（**維持リハーサル，1次リハーサル**）を行うよりも，意味を考えたり，自分の経験と関連付けるような深い処理（**精緻化リハーサル，2次リハーサル**とも言う）を行うほうが，単語の保持の成績はよくなる。

（5）　**長期記憶の検索**　　長期記憶はその名のとおり，長く保持され，忘れられることが少ない。しかし記憶量が膨大なため，その内容をいつも自由に取り出せるわけではない。何かの拍子に過去の出来事を突然思い出すことがある。また，特定の状況にあって初めて思い出すこともある。場所の記憶のように空間的な記憶は風景の中に手がかりがあることが多く，そのために記憶を呼び起こしやすい。これは**文脈効果**（context sensitivity）と言われる。記銘時に，内容とともに手がかりも覚えているためで，思い出すときの文脈が手がかりを提供して自然に思い出すのである。つまり手がかりと思い出す事項とが記銘時に一緒に符号化されている。これを**符号化特定性原理**（encoding specificity principle) と言う．

記憶の実験手法では，手がかりがなく思い出させる場合を**再生**（reproduction），選択肢を与えて思い出させる場合を**再認**（recognition）と言う．ほとんどの実験では再認のほうが再生よりも成績がよい．再認の場合は，思い出すべきもののコピーと記憶表象の中のオリジナルとを照合すればよいが，再生の場合には検索の手がかりを自分で作りだし，手がかりと一致する特徴を持つ記憶表象を調べることになる．つまり生成と再認の2段階を経て思い出しているわけである．

（6）**記憶の忘却**　記憶にとって，覚えること，覚えていることと同時に重要なことは，忘れること（**忘却**）である．忘れては困ることもあるが，忘れたいこともある．また忘れることで生きていけることもある．

忘却には二つのタイプがある．一つは符号化特定性原理と関連するものである．感覚記憶の段階で，符号化されずに消去されてしまうもので，長期記憶には記憶されていないため，何かのきっかけで思い出すということはない．

もう一つは長期記憶内の検索手がかりの問題である．これには，記憶痕跡（こんせき）の減衰論と干渉論がある．記憶痕跡の減衰論は，記憶したものの痕跡が大脳のどこかに形成されるが，時間の経過とともに消失し，ついには思い出すことができなくなるとする説である．干渉論については，長期記憶内では，エピソード記憶や意味記憶が相互に関連付けられて記憶されていると考えられるが，新たな知識が加えられたときに，先に記憶されていた知識と同じ関連付けが行われると相互に干渉し，再生されにくくなるとする説である．また長い間使用されていない知識の場合には，関連付けの強さが，新たな記憶と比べて相対的に弱くなり，再生されにくくなる．

長期記憶に記憶された内容は，時間とともに忘却が進み，当初の30％程度になってしまうが，それ以後は忘却が進行しないと言われている．

2.2.4　長期記憶の種類と特性

さて表2.2の機能の欄において長期記憶を，**エピソード記憶**（episodic

memory) と**意味記憶**（semantic memory）に分けて示した。まずこれらから長期記憶について考えよう。

（1） エピソード記憶と意味記憶　エピソード記憶とは，ある時のある場所の出来事というように，個人が経験した具体的な出来事に関する記憶で，時間・空間を特定して保持されている[12]。一般的に思い出と呼ばれるものはエピソード記憶のことを指す。**自伝的記憶**（autobiographical）と呼んでもいいし，**「こと」の記憶**とも呼べる。いま思い出していることは自分が過去に経験したことである，という意識はエピソード記憶の必要条件である。タルビング（Tulving, E.）を中心に盛んに研究されてきている。エピソード記憶は個人史として整理されて記憶される。それは，パーソナリティの形成や自己概念と強く結びついていると考えられている。エピソード記憶では，先に経験したことと後で経験したことがお互いに影響し合うことによって記憶があいまいになる場合がある。このような現象は**干渉**（interference）と呼ばれ，犯罪の目撃者が容疑者の顔写真を見ることによって，写真の人物と本当の犯人とを入れ替えて誤認識してしまう現象を説明することができる。この場合には，後学習が前学習に影響を及ぼしたもので**逆行干渉**（retroactive interference）と呼ばれる。逆に前学習が後学習に影響する場合を**順行干渉**（proactive interference）と言う。

一方，意味記憶は一般的な概念の意味，概念の使用方法，他の概念との関係などが構造化されて記憶されているものである。**「もの」の記憶**とも呼べ，真偽を問える知識である。例えば「京都は昔，日本の都だった」というように客観的な知識や，京都，昔，日本，都などの概念に関する知識である。最近，人工知能では，**オントロジー**（ontology）として意味記憶の研究が進んでいる[13]。

エピソード記憶と意味記憶は異なる種類の記憶であるが，たがいに関連している。目撃者の記憶はエピソード記憶であるが，出来事の後に関連した情報が与えられると，エピソード記憶がそのような事後情報によって歪められる**事後情報効果**が報告されている。また誘導尋問のように返答の内容を方向付ける言葉を含めた質問によっても記憶が変容することがあり，これを**語法効果**と言

う。このように現在の解釈によって過去の記憶が変容するのは，エピソード記憶や，すでに意味的にまとめられていた記憶にさらに新たな情報が組み込まれて，新たな意味へと変容するためである。これをバートレット（Bartlett, F. C.）は**スキーマ**（schema）という概念によって説明した[5]。ある経験を記憶するときに，そこに何が含まれるかに関する枠組みが出来上がる。この枠組みが保持され，再生されるときには枠組みに従って経験内容が構成される。このときに，もとの些細な部分，枝葉の部分が脱落したり，枠組みの大筋に合うように修正されたりする。このように人間の記憶とは，記憶内容の単なる再提示ではなく，再生のたびに構成されるものなのである。

（2）　**手続き的記憶と宣言的記憶**　　エピソード記憶や意味記憶のように命題形式で表記され意図的に想起されるものを**宣言的記憶**（declarative memory）と呼ぶ。宣言的記憶の表現形式については，自然言語で表現されているのではないという説がある。例えば「のど元まで出掛かっているが思い出せない」という **TOT 現象**（tip of the tongue phenomenon）において，ある単語を知っていることは自覚できるし，その説明もできる，しかし当該単語を思い出せないということがある。この場合，もし概念が自然言語で表現されているのであれば，説明できる場合には単語も思い出せるはずである。幼児でも概念を知っていることや，概念の意味を説明できない場合にも概念を使用することはできるなどの理由から，宣言的記憶あるいは概念は自然言語とは異なる形式で表現されていると考えられるのである。

　一方，宣言的記憶とは異なり，何らかの認知活動や動作を行うための一連の行動を記憶したものを**手続き的記憶**（procedural memory）と言う。例えば，何度も練習して手先が自然に覚えた楽器の演奏，体全体が覚えた車の運転やスポーツの技能，頭に入ったパソコン操作やプログラム技能，などは手続き的記憶である。手続き的記憶は半自動的に思い出されるもので，意識して使用する知識ではない。自動車の運転を習いたての初心者は意識的に運転しなければならないが，熟練ドライバーは運転操作を意識していない。これは，習いたての頃の知識が宣言的記憶であるのに対して，習熟につれて手続き的記憶に変換さ

れるからだと考えられている．階段を上るときに，動作の手順を頭で考え出したとたんに上れなくなることがあるが，これは手続き的記憶の使用から宣言的記憶の使用に切り替えられたためと考えられる．ベテランの運動選手がスランプに陥るのも，もっとうまくなりたいと考えて，宣言的記憶として運動をとらえることから生じる現象であると考えれば理解しやすい．運動に関する知識だけでなく，言語の運用についても同様のことが当てはまる．人前でうまく話せない，言葉が出てこないという現象は，緊張が原因でもあるが，言語運用の意識化によるものとも考えられる．

以上のような長期記憶に蓄えられる各種の記憶の分類を図 2.5 に整理する．

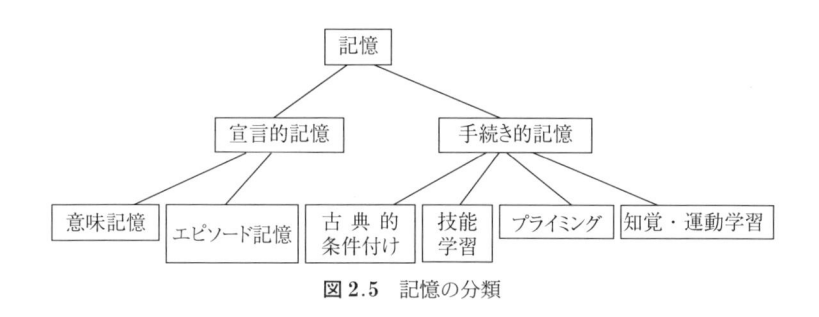

```
                        記憶
                ┌────────┴────────┐
             宣言的記憶          手続き的記憶
          ┌─────┴─────┐    ┌────┬────┬────┐
        意味記憶 エピソード記憶 古典的 技能  プライミング 知覚・運動学習
                              条件付け 学習
```

図 2.5　記憶の分類

2.2.5　ネットワークとしての記憶モデル

人の記憶は一つ一つが単独で意味のある働きをするのではない．2.2.3 項 (6) で述べたように，記憶される個々の内容は独立ではなく，相互に関連付けられて記憶されていると考えられている．意味記憶の個々の概念や命題は，人々にとって共通することもあるが，それぞれの知識が他の知識とどのようにつながっているかは人によって異なる．「東京は首都である」という命題に続いて「東京は便利だ」と思い出す人もいれば，「東京は地価が高い」と思い出す人もいる．これは知識どうしが関連付けられているからだと考えられる．このように知識どうしがつながっていると考えると記憶同士はネットワークでつながったシステム（記憶システム）を構成している．

ネットワークとしての記憶のシステムはさまざまなモデルとして精緻化され

ている。例えば**特徴比較モデル**（feature comparison model）は，定義的特徴と示唆的特徴の両方によって意味記憶が表されるとしている。また，キリアン（Quillian, M.R.）によって提唱された**意味のネットワークモデル**（semantic network）は，概念の上位一下位関係がノードとリンクで表現された樹状構造になっている[15]。これをさらに発展させて，特定の概念が想起されたときに，リンクで関連付けられている他の概念が次々に活性化されるとするモデルが**活性化拡散モデル**（spreading activation model）である。ノードには活性化レベルが存在し，しきい値以下の活性化レベルのノードは意識にのぼらず，しきい値を超えて活性化されたノードだけが想起されるとする。活性化拡散モデルの例を**図 2.6**に示す。図中，概念はノードで表され，リンクと呼ばれる矢印や線で結ばれている。矢印は概念間の上下関係を表し，線で結ばれるもの同士は連想関係にあることを示している。カナリアもダチョウも鳥ではあるが，カナリアのほうが飛ぶことができるので鳥に近い。

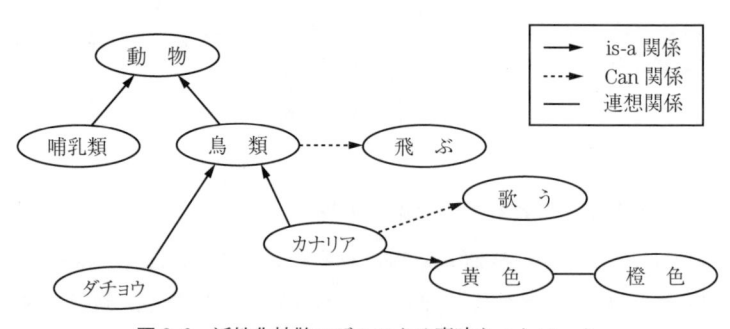

図 2.6 活性化拡散モデルによる意味ネットワーク

　図中の概念の間が矢印や線で結ばれ，その間の距離が近ければ近いほど，思い出しやすいことを示す。瞬間的に見せる文字を読み取らせる語彙判定実験において，例えば「看護婦」という単語の判定は，それに先行して「バター」が提示されるときよりも，「医師」が提示されたときのほうが時間的に短い。この現象は，先行する単語の意味によって活性化された単語の認知が容易になるということで，活性化拡散モデルによって説明される。このような意味的関連性の効果を**意味的プライミング**（semantic priming effect）と呼ぶ。これと関

連して，連想関係の中では意味的なつながりは小さくても，時間・空間的に同時に呈示されたために概念同士が連合することがある．例えば，テレビで繰り返されるコマーシャルソングを，コマーシャルの場面と似た状況で思わず口ずさむといった場合である．このようなプライミング効果を**直接プライミング**（direct priming）と言う．

2.2.6 スキーマとしての知識

私たちは目前にある出来事やことがらを理解するために知識を利用している．そのような知識は，複数の概念が複雑に関係付けられた構造を持ち，一般的に**スキーマ**（schema）と呼ばれる．

スキーマの一つに，発達心理学者のピアジェ（Piaget, J.）の提唱した**シェマ**（schema）がある[16]．これは，類似した活動の間で共通する一般的な操作や行動のパターンの知識である．人間は過去の経験や獲得した知識を，もとの事実そのものとして記憶するのではなく，一般化し，意味付けし，体系化（階層化，構造化）した知識構造として記憶するとし，これをシェマと呼んだのである．シェマには大きく二つの機能がある．一つは**同化**（assimilation）と呼ばれ，人間が新たな環境条件に対して，すでに持っているシェマを適用することである．もう一つは**調節**（accomodation）と呼ばれ，人間が環境条件の変化に応じて自らのシェマを変化させることを言う．このように，人間はシェマによって環境と相互作用を行い，学習し，発達するのである．当時は行動主義心理学の全盛期であり，人間の内的情報処理過程は不問に付され，外的に観察可能な行動のみが研究の対象とされていた．そのような時期に，定性的記述ではあったが，内部情報処理過程をモデル化した意義は大きい．その後の人間の記憶の表現形式として**人工知能**（Artificial Intelligence；AI）の分野で受け入れられ，意味ネットワークや，つぎに述べる**フレーム**（frame），**スクリプト**（script）などの知識表現理論に発展している．

フレームはミンスキー（Minsky, M.）が提唱した記憶のモデルで，膨大な知識を計算機上にどのように表現したらよいかを示したものである[17]．一つの

フレームには，ある概念に関する知識がひとまとまりとして構造化されている（図 2.7）。フレームの要素としては，フレーム名（概念名），上位／下位（is-a）概念，構成要素（part-of）概念，各種属性，デーモン（その概念について実行すべきルール）などが含まれている。上位／下位概念などの各要素もまた別のフレームとして表現されており，フレーム間はノードとリンクの関係として関連付けられている。リンクをたどることで連想が実現される。例えば「イヌ」というフレームには，「動物」という上位概念，「速く走る」などの属性などが含まれ，下位概念である「コリー」とリンクを持つ。重要なことは，上位概念の性質の内のいくつかが下位概念に受け継がれる（継承される）ことである。継承により，下位概念に共通する知識については上位概念に一度記述するだけでよくなり，知識の記述量，記憶量を抑制できる。このような考え方が工学的に発展し，今日の**オブジェクト指向プログラミング言語**（object-oriented programing language, smalltalk, C++, Java など）に受け継がれている。

スクリプトは，シャンク（Schank, R.C.）が提唱した記憶のモデルで，因果関係の記憶である[18]。日常的な認知や行動の場面では，いちいち因果関係を推

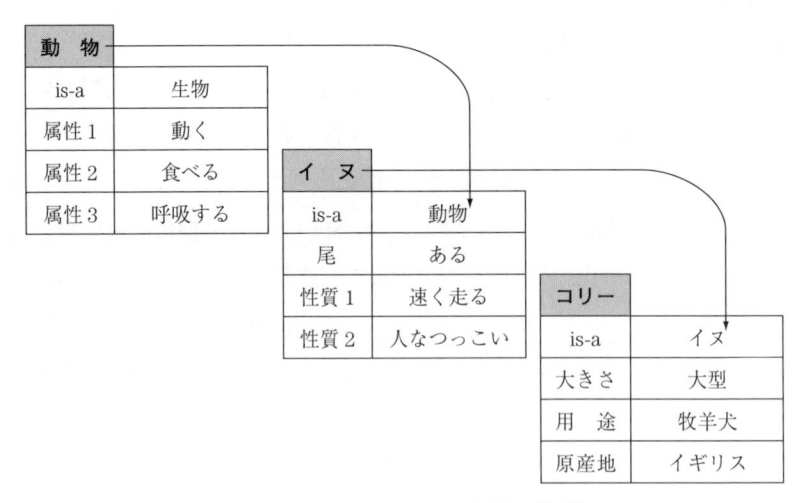

動　物	
is-a	生物
属性1	動く
属性2	食べる
属性3	呼吸する

イ　ヌ	
is-a	動物
尾	ある
性質1	速く走る
性質2	人なつっこい

コリー	
is-a	イヌ
大きさ	大型
用途	牧羊犬
原産地	イギリス

図 2.7　フレーム構造（is-a 概念の継承）

論すること（因果推論）はコストが大きい。そこでシャンクは典型的な因果の系列はスキーマとして記憶されていると考えた。それは出来事や行為の系列からなるスキーマであり，特定の場面でとるべき行動を判断するときや，他者の会話や行動，物語の理解や予測に使われる。図 2.8 は，「レストランでの食事」のスクリプトの例である。初めて訪れたレストランであっても，どのようなレストラン（フランス料理，和食，ファーストフードなど）であるかが判断できれば，そのレストランに関するスクリプトを利用して，どのように注文し，支払えばよいかがわかる。ある子どもの 2 歳から 3 歳までの想起内容と量を調査した研究によると，日常的に繰り返し経験される行為に関する記憶がほとんどで，いわゆる思い出と呼べる記憶はほとんどないことがわかったという。日常的行為に関する記憶は，将来に類似の場面に遭遇したときに対応できるように，一連の行為を正しい順序で行えるようにするための記憶だと考えられている。これはスクリプトと一致しており，スクリプトの妥当性を示す。シャンクはスクリプトの考えを推し進めて，複数の類似のエピソード記憶から典型的な行為系列をダイナミックに形成する記憶理論である **MOPs**（memory organi-

```
名　称：レストラン
　　道　具：テーブル，メニュー，料理，勘定書，金，チップ
　　登場人物：客，ウェイトレス，コック，会計係，経営者
　　参加条件：客が空腹である，客が金を持っている
　　結　果：客の金が減る，経営者が儲ける，客は空腹でない
　　行　動：客がレストランに入る
　　　　　　　　客がテーブルを探す
　　　　　　　　　　⋮
　　　　　　　　客が座る
　　　　　　　　客がメニューを取り上げる
　　　　　　　　　　⋮
　　　　　　　　コックが料理を用意する
　　　　　　　　コックがウェイトレスに料理を渡す
　　　　　　　　　　⋮
　　　　　　　　客は料理を食べる
　　　　　　　　　　⋮
　　　　　　　　客が会計係に金を払う
　　　　　　　　客がレストランを出る
```

図 2.8 「レストランでの食事」のスクリプトの例

zation packets）を提唱している。

フレームやスクリプトは，意味ネットワークにおいて結合された概念を構造化したものと言える。フレームは上位―下位関係や因果関係などの視点から，比較的に結びつきの強い概念を一つの構造として統合したものであり，スクリプトは時間的前後関係という視点から概念を統合したものである。私たちの認知活動ではあらゆる場面でスキーマが働いている。ある場面ではさまざまなスキーマが活性化し，関係する概念や手順の知識を引き出し，不十分な情報はその場で補う，といった働きをしている。

スキーマとしての知識は社会的に共有されることがある。例えば，**ステレオタイプ**（stereotype）は，日本人とか芸術家のように集団の成員に対して，社会の成員が持っている固定観念としてのスキーマである。

2.2.7 カテゴリー判断

人間はイヌを見たときに，それをイヌであると判断できる。これを人工知能では，視覚情報の諸特徴を長期記憶内のフレームや意味ネットワークなどのスキーマと比較し，パターンマッチした結果であると説明する。メカニズムとしてはそうであるかもしれないが，個々のイヌはすべて異なった形や色をしている。それをなぜ「イヌ」という概念に一般化できるのであろうか。さまざまな存在をひとまとまりとして認識する人間の認識機能を**カテゴリー判断**（category judgement）と呼び，人間の認識の中核をなすものである[19]。イヌは一つのカテゴリーを形成している。

最も理解しやすい説明は，さまざまな種類のイヌがいたとしても，それらに共通する何らかの特徴が存在するからだと考えることである。特定のカテゴリーに共通する特徴を**定義的特徴**（defining feature）と呼ぶ。例えばイヌの定義的特徴は，四足で歩く，ワンワンとほえる，しっぽがある，人間になつく，肉食である，などであり，フレームでは属性として表現される。人間は生まれたときから定義的特徴を知っているわけではない。親から「あれはワンワンよ」と教えられる中から，さまざまなイヌの正事例や負事例を学び，獲得する

ものである。その意味では教師付き学習の結果として獲得されたものである。

しかし本当にイヌには定義的特徴が存在するのであろうか。チワワとセントバーナードは，外見からでは同じカテゴリーとは考えにくい。大きさがまったく異なるし，セントバーナードはあまりほえない。四足で歩き，肉を食べることは共通していても，ネコも同じ特徴を持つ。このように考えると，共通する特徴を列挙するよりも，何かイヌらしさという典型像があって，典型的なイヌとの比較によって個々のイヌを判断していると考えたほうが自然に思える。このような考え方を哲学者のウィットゲンシュタイン（Wittgenstein, L.J.J.）は**家族的類似性**（family resemblance）と呼んだ。ウィットゲンシュタインは，「ゲーム」というカテゴリーに属すると考えられるものの間に共通する定義的特徴がないことを明らかにし，典型性に基づくカテゴリー判断を主張した。ロッシュ（Rosch, E.M.）は実験により，「○○はトリですか」という問いに対して，人の回答は典型的なトリと思われるツバメなどでは反応が早く，ペンギンやダチョウのように，典型からは少し離れている場合には時間を要することを発見した。Aさんの家族は，全員に共通する特徴はないが，個々の成員間では共通する特徴がある。他の成員とできるだけ多くの特徴を共有する成員ほど，Aさんの家族として典型性が高いと言える。

しかしさらに考えると，「イヌらしさ」の典型性とは何であろうか。典型的なイヌというものを説明できるのだろうか。数学的なカテゴリー（長方形など）を考えてみると，定義的特徴が確かに存在するが，その一方で典型的な長方形というものも考えられる。カテゴリー判断と典型性の判断は別のものではないか。そもそも，なぜイヌというカテゴリーは存在するのだろうか。

何か特定のカテゴリーを考えるとき，意味のある特徴によって他のカテゴリーと区別しようとするだろう。例えばトリというカテゴリーでは，飛ぶことが最大の特徴である。飛ぶためには羽根が必要である。逆に言えば，羽根を持つことが飛ぶことと因果的に結びついていると考えられることから「飛ぶ動物＝羽根を持つ動物」となるのであって，羽根を持つ動物をトリと呼んで，他の動物と区別しているのである。人は「世界はこのように考えればよいのではない

か」という理論，あるいは視点を持っており，そのような理論に基づいて多様な特徴を関連付けて，カテゴリーを判断している。このような考え方を**理論ベースのカテゴリー判断**（theory-based categorizative）と呼ぶ。この立場から見たカテゴリー判断とは，人がどのように世界を認識しているかの反映なのである。飛ばないペンギンやダチョウがトリとしての判断に時間がかかるのは，トリに関する理論の背景にある因果性の判断が関係しているからではないか。したがって，世界の見方や知識が異なれば，当然カテゴリー判断は異なる。知識が増えれば世界の見方が変わり，カテゴリー判断が変わる。一つのカテゴリー判断の背後には膨大な知識の集積が必要なのかもしれない。

ではなぜカテゴリー判断が行われるのだろうか。世の中には膨大な記憶能力を持つ人がいる。日常生活の非常に詳細な部分までを鮮明に記憶でき，忘れない。このような能力に病的に優れた人を調べてみると，奇妙なことに，個々の出来事やものについての認識はできるが，カテゴリー判断ができないことがわかった。この人にとっての世界は，膨大な数の個別の出来事やものから構成されており，カテゴリー的な分類はないのである。するとカテゴリー判断には，記憶容量を節約する機能があるのではないだろうか。カテゴリー判断をしなければ，個々の出来事やものに関する知識を個別に記憶する必要があり，膨大な種類や量の記憶を強いられる。カテゴリーとして外界を要約して記憶しておけば，比較的に少ない知識量で対応することが可能となるのである。

2.2.8 メンタルローテーション

ここまでは，命題的に表現される記憶について述べてきた。言葉は思考にとっての重要な道具であり，その意味で言葉による記憶や認識は人間の情報処理の中核をなす。しかし，人間の記憶や認識は命題的なものだけではない。図や絵をうまく用いた認識や推論も存在する。

図 2.9 のような立体図形について，基本図形を回転した図形をいくつかの選択肢の中から選択する実験課題を被験者に与えると，回転しなければならない角度の大きさに比例して，解決に要する時間が長くなることが見いだされてい

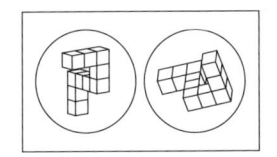

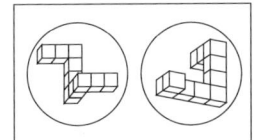

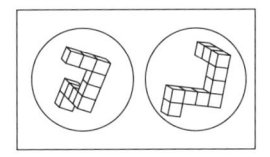

図 2.9　メンタルローテーションの課題の例

る。これは，人間の脳の中にも図や絵のようなものがあり，それを内的に回転させて推論しているからだと考えられている。このように，脳の中で図や絵を回転する操作や推論を**メンタルローテーション**（mental rotation）と呼ぶ[20]。

メンタルローテーションを可能にしている心的メカニズムには，視覚情報処理を行っている脳の部位の一部が関与していると考えられる。「百聞は一見にしかず」という言葉があるように，言葉や命題による情報では理解が難しいことでも，図や絵を見ることで容易に理解されることが日常生活には多い。新聞の記事を読んでもわからない事故や災害の様子が写真や映像によって印象深く伝えられることは好例である。家電製品の操作説明も，言葉だけでなく，イラストがあることでわかりやすくなる。これは，図や絵によって対象の特徴が具体化され空間配置が明確になることや，図や絵を心的に操作・変形することで因果推論の理解が容易になることによる。このように，推論に図や絵を用いる効用はヒューマンインタフェースや人工知能の研究者によっても注目されており，**図による推論**（diagrammatic reasoning）として研究されている[21]。

地図や顔を電話で説明されても理解が難しいことからわかるように，図による推論は言葉による推論とは独立した心的機能と考えられる。しかし幾何学の証明における図形操作と言葉（命題）による説明のように，無関係というのではなく，相補的な関係にあると考えるべきであろう。また，静止した図や絵だけでなく，動画やアニメーションなどによる動的説明が効果を挙げる分野も多く，今後は教育訓練支援などに幅広く使われるものと思われる。

2.2.9　記憶の社会的側面

阪神淡路大震災やニューヨーク国際貿易センタービルのテロ事件など大事件

のときに，どこで何をしていたか，そのときにどのように対応したのかという記憶は，いつまでも忘却されることがない。このような衝撃的な事件に関して，長期間，細部まで非常に鮮明に保持される記憶を**フラッシュバルブメモリ**(flashbulb memory) と呼ぶ[14]。フラッシュバルブメモリがなぜ起こるのかについては二つの説がある。一つは，一定以上の衝撃を受けた重大な事件の場合には，そのときの様子を写真のように鮮明に記憶する特別な記憶メカニズムが働くと考える特殊メカニズム説である。もう一つは，大事件は話題になるため，自分の頭の中でも，会話においても，何度も語られ，リハーサル効果があるからだとするリハーサル説である。現時点ではどちらが正しいかの決着はついていない。

　記憶の機能には，特定の状況において一連の行為を正しい順序で行うための知識を獲得することによって，類似の場面に遭遇したときに対応できるようにする機能と，思い出としてパーソナリティや自己概念を形成する機能の二つがあると言われている。フラッシュバルブメモリの場合，類似の事件に遭遇するときのために記憶するという機能は考えにくい。大事件は頻繁には発生しないからである。現在有力な仮説は後者の機能に注目したもので，フラッシュバルブメモリが記憶主体である個人の個人史（思い出）と社会・歴史とを結びつけ，自分の存在の歴史性の再確認を行う機能を持つとする。通常は，個人と歴史とは直接的な関わりは少なく，個人が歴史を作っている，あるいは歴史に参加しているという意識は少ない。しかし大事件の場合には，個人の生活にも何らかの影響が及ぶため，歴史との関係が意識される。

　フラッシュバルブメモリは個人的に有用なだけではない。同じ事件を経験した他者と「語り合う」ことが重要である。例えば，阪神淡路大震災の経験を語り合うことにより個人で想起するよりも正確な想起が可能となる。異なる視点から想起することで，間違いに気づきやすく，修正もしやすい。また個人では知り得なかった事実を知ることもできる。さらには，そのようにして記憶を共有した者同士は，関係が強化され，集団の凝集性が高まる。

　このようにフラッシュバルブメモリは社会的な記憶でもある。テレビや新聞

の報道の仕事は，当事者や観察者が「語り合う」記憶を記録し，広く社会に投げかけており，組織化されたフラッシュバルブメモリであると言える．人間は社会的な動物なのである．このような「語り合う」記憶については，最近，思い出の共有を支援するシステムや Weblog（ブログ）などのインターネット上での日記公開というテーマでヒューマンインタフェース研究が行われるようになってきており，展開が期待される．

2.3 思考における推論と制御

2.3.1 演繹，帰納，アブダクション

推論（reasoning）とは，記憶している知識から論理的に正しい結論を導出する思考の働きである．一般に推論には**演繹的推論**（deductive reasoning），**帰納的推論**（inductive reasoning），**アブダクション**（abduction）がある．

演繹的推論とは，正しいと考えられる前提に対して論理的知識を適用・展開して，個々の条件に適した合理的結論を導き出すトップダウン的推論である．実験研究からは，人間は論理的に正しい演繹的推論を行うのではなく，経験的に獲得された**ヒューリスティックス**（heuristic）や**俗信的論理**（naive science）などが用いられていると言われている．ヒューリステイックスは，論理的に真偽や妥当性は完全でないが，ある程度の成功が期待できる思考法のことである．論理的に正しい推論を行うことは，ときには時間や労力などのコストが大きいため，日常的な判断においては，このような完全ではないが容易に利用できるヒューリスティックスが有効なのである．

一方，帰納的推論は，多くの事例から一般的な規則を導き出す推論である．その原理としては，**汎化**（generalization）がある．人間の行う帰納的推論には歪みが存在する．これを**確証バイアス**（confirmation bias）と言い，自分が持っている仮説を支持するような証拠ばかり集めようとする傾向のことである．また，推論のもととなる事例の選択では，目立つ事例や，思い出しやすい事例が利用される傾向がある．この傾向を**利用可能性ヒューリスティックス**

(availability heuristics) と呼ぶ．数学的にも，すべての事例を調べることは原理的に不可能なので，帰納的推論の真偽の判断は一般的に困難である．逆に帰納的推論の間違いを指摘するには，たった一つの反例を示すだけでよい．

アブダクションは遡行(そこう)推論，仮説推論のことである．ある事実Cが観察されたときに，AならばｇｇｇｇCとなるという知識（Cの前提条件）に基づいて，Aが成り立つと推論するものである．このとき，Aは仮説である．Cにとっての前提は必ずしも一つではないため，複数の仮説が成り立ち得るが，科学においては，アブダクションによって仮説を生成し，実験によって確認するという作業が行われている．

これらの三つの推論は論理に基づく推論であるが，人間は日常的に，これらとは異なる柔軟な推論も用いている．その中でも重要な推論は**類推**（analogy）である．例えば電気回路を水路との類推で理解するなど，異なる分野間の対比に基づく推論である．分野間の対比がうまく行われれば，新規の分野を既知の分野との類推で学習するなど，非常に柔軟で効果的な推論となる．真偽を問うための推論ではなく，理解を助けるための推論と言える．異なる分野間の対比に基づく推論は，比喩(ひゆ)（直喩，暗喩など）表現にも使われており，人間の理解を助けたり，新たな理解や解釈を生み出している．

類推と似ているが，同じ分野内で，特定の推論が成功した過去の事例（エピソード記憶）との類似性に基づいて，新たな課題にその結果を適用する推論がある．煩雑な推論を新たな課題ごとに行う必要がなくなり，推論の手間を省ける．人工知能では，**事例ベース推論**（case-based reasoning）として研究されており，法律判断，設計支援，苦情処理，機器異常診断などの分野に適用されている[22]．

2.3.2 ラスムッセンのモデル

これまで，人間の基本的な認知メカニズムについて説明した．実際の人間は問題解決に当たって，このような基本的メカニズムを組み合わせ，目的指向的に対応している．ラスムッセン（Rasmussen, J.）は，認知情報処理の機能面

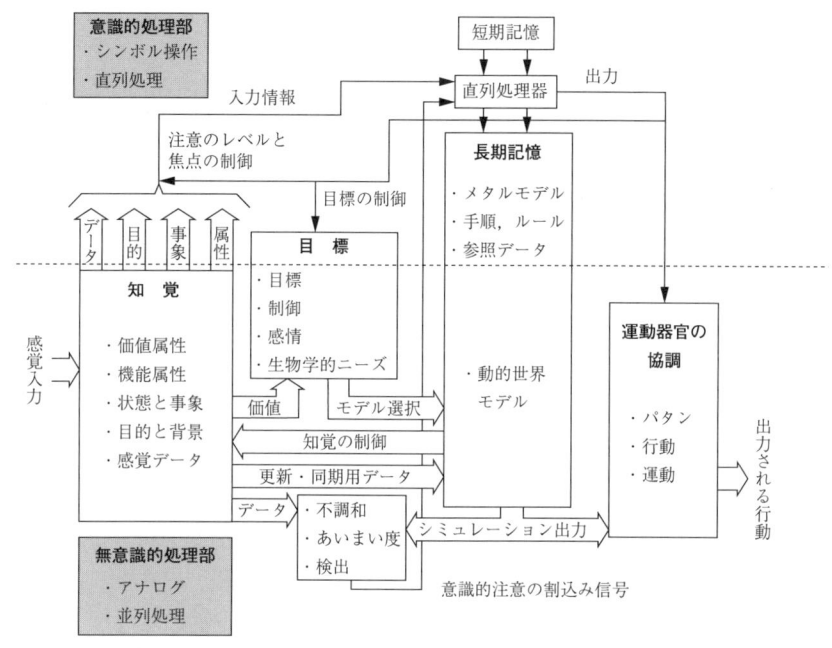

図 2.10 ラスムッセンによる人間の情報処理システムの模式図[23]

を含めた高次の心理機能を考慮した人間の情報処理システムの模式図を，図 2.10 のように描いている[23]。

人間の感覚器官を介して入力された感覚入力が知覚され，**意識的処理部**と**無意識的処理部**の連動により認知情報処理されて結果として行動が出力される。その過程は非常に複雑であるが，図中の点線の上部が直列的なシンボル操作の意識的処理部で，点線の下部はアナログ，並列処理が無意識的に実行される部分である。高次心理機能としての想起，連想，推理，予測などは，知覚より符号化されて送られてくる外界の入力情報と，長期記憶から取り出された記憶情報に基づいて，短期記憶において**注意**（attention）という制御機構の統制下に処理される。このような定性的な記述モデルを，人工知能を用いてコンピュータシミュレーションする方法を 3.3 節で取り上げる。

2.3.3 合理的推論の限界

人工知能が注目されだした1950年代後半には,数学における証明のように,合理的推論こそが最も優れた問題解決方法であるとする考え方が支配的であった。合理的推論ができない人は劣っているかのような考え方だったのである。しかし人工知能研究の進展に伴い,合理的推論だけでは現実問題を解決し得ないこと,および合理的推論も完全ではないことが認められるようになってきた。

経済学から人工知能まで幅広く研究対象としたサイモン(Simon, H.A.)は,通常の人間は時間的,資源的,知識的に限定された状況下で判断を行うため,合理的には判断できないとして,**限定合理性**(bounded rationality)という特性を中心概念として人間の情報処理過程のモデル化を試みた。人間は時間的,空間的,認知資源的に制約された存在であるため,有限時間で現実問題の解決に必要な情報をすべて収集できないし,それらを有効に使って問題解決することも難しい。このような事態に有効に対処するため,人間はヒューリスティックスという発見的知識を用いていると指摘したのである。

ミンスキーは,問題解決に必要な知識の量という観点からヒューリスティックスにアプローチした。例えば,あるロボットが道路を横断するとき,考慮しないといけない事項として何があるだろうか。車は来ないか,渡る途中で転ばないか,青信号の時間は十分か,などのほか,場合によっては,車が信号無視で突っ込んで来ないか,他の歩行者に押されて転ばないかを考えたり,さらには飛行機が落ちて来ないかまでをも考慮すべきかもしれない。このように考えると,考慮すべき事項には限りがなく,いったいどの範囲の事項までを考慮すべきかを決められなくなる。ミンスキーはこの問題を**フレーム問題**(frame problem)として提出した[24]。フレーム問題は人工知能の最大の問題とも言われており,理論的に解決不可能である。しかしフレーム問題はロボットだけの問題ではなく,人間にも存在する。心配性の人が「もしこういうことになったらどうしよう」などと思い悩んで行動を決められないことは人間のフレーム問題の例である。人間は経験に基づいて考慮すべき事項の範囲を決めるなどのヒューリスティックスを使うことにより,フレーム問題を現実的に回避している

と考えられる。

　合理的推論の完全性については，ゲーデル（Godel, K.）が**不完全性定理**（incomplete theorem）により，どのような合理的理論にも証明不可能な命題が必ず存在することを示し，完全な理論が存在しないことを証明した[25]。例えば，特定の公理系が自らの公理系に言及するとき（「この公理系は間違っている」などの自己言及），その真偽はその公理系では判断できず，より上位の公理系を必要とする。上位の公理系の真偽はさらに上位の公理系を必要とし，これが無限に続く。

　以上のように，完全な知識体系は存在しない。また不完全な知識体系を用いて，すべての条件を現実の問題解決が要求する時間制約の下で検討することは不可能である。それでは人間はどのようにして現実に対処しているのだろうか。何度も述べているように，ヒューリスティックスが用いられていると考えられる。これは，日常的な経験を通じて有効とされた知識であり，妥当性や信頼性は必ずしも保証されない。しかし日常的な問題解決に関してはそれで十分なのである。日常的な問題解決は完全な回答を期待されない。現実時間内に適切な対応ができればよいのである。「とりあえずこうしておこう」という言葉はそのことをよく表している。じつは人工知能にとって，このような「いい加減な」推論を行うことが最も難しいのである。

2.3.4　二つの制御モード

　ここでは人間が問題解決のために行う一連の認知プロセスを制御する方法と特性について述べる。

　人間は，外界情報とのパターンマッチで想起した長期記憶の知識に基づいて問題解決を行っているが，ローズ（Rouse, W.B.）はその際の知識の形式を，特定の状況に依存的な**徴候則**（symptomatic rule；S-rule）と，文脈に依存しない**普遍則**（topographic rule；T-rule）に分類している[26]。自動車を例にとれば，S-rule とは「赤信号になったら車のブレーキを踏む」というような簡単な日常知識で，手続き的記憶に相当する。T-rule とは「車のブレーキ系

統はフットブレーキがパイプを介して油圧シリンダに接続され，フットブレーキを踏むと油圧シリンダが車輪のディスクを締める」というような自動車のメカニズムに関する知識で，宣言的記憶に相当する。S-rule を使用する場合は反射運動で迅速だが，T-rule は抽象的で頭を使う知識である。

人間は状況に対応するのに S-rule を選好し，うまく対応できない状況に至って初めて T-rule を用いる性質がある。これをもとにエンブレイ（Embrey, D.E.）は人間の認知プロセスの制御モードを，T-rule をベースとする抽象的で分析的な**意識的モード**（attentional mode）と，S-rule による**定型的モード**（schematic mode）の二つの制御モードに分類し，**表 2.4** のように特性の相違をまとめている。

表 2.4　人間の認知プロセスの二つの制御モード

制御モード	用いるルール	特　性
意識的モード	普遍則 （T-rule）	・意識的，直列的処理 ・資源制約的，時間・労力がかかる ・新しい状況の問題解決
定型的モード	徴候則 （S-rule）	・無意識的，並行的高速処理 ・負担は少ない ・なじみの状況には威力を発揮するが，新規な状況，予期せぬ状況では効力がない

2.3.5　ラスムッセンの多段梯子型モデル

ラスムッセンは，人間の問題解決行動のモデルとして，「人間の行動は**目標指向型**（goal-oriented）でその最終目標に接近するために局地的な部分目標を設定し，それを順次達成しながら全体目標を達成しようとする」として，**図 2.11** に示すような**認知行動の多段梯子型モデル**（multi-ladder model of cognitive behavior）を提唱した[23]。

人間は行動の必要性を検知すると活性化，観察，同定，解釈，評価，と知識ベースの分析の階段を上り，ついで目標を選択した後，タスクの定義，手順の構成を経て実行，の知識ベースのプランニングの階段を下る，というサイクルを繰り返して行動するが，習熟により意思決定ループの多段のレベル間でショ

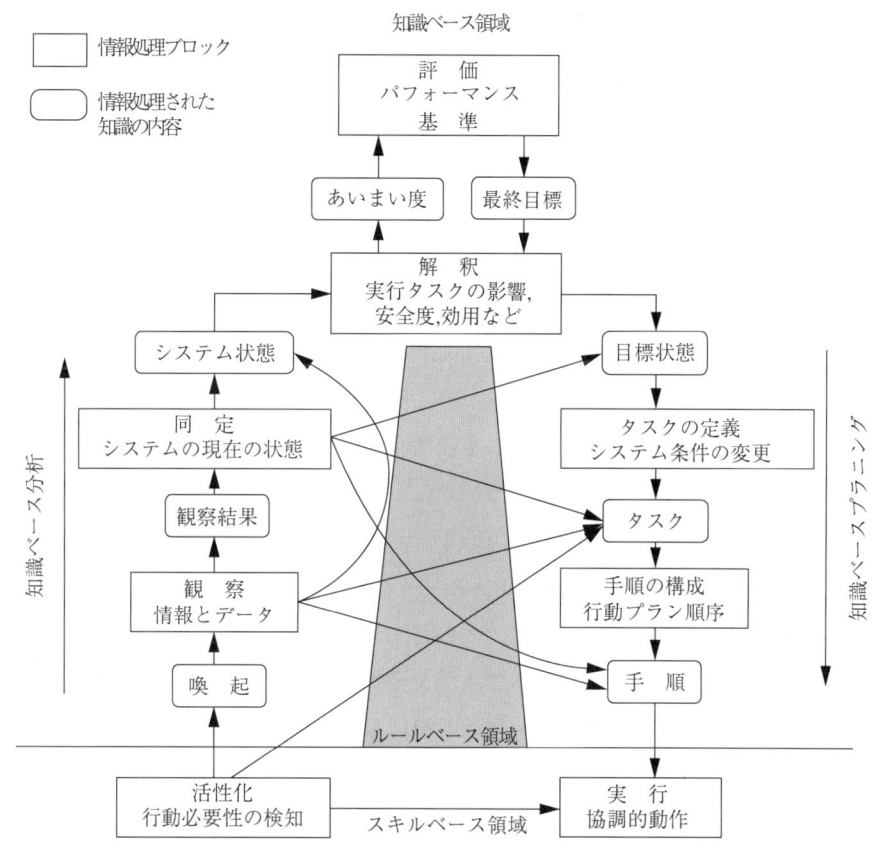

2.3 思考における推論と制御　43

図 2.11 ラスムッセンによる認知行動の多段梯子型モデル[23)]

ートカットも生じる。

　多段梯子型モデルを制御系のブロック図として眺めると，認知行動を制御するプロセッサ群が上位と下位の二層構造になっていることと，それぞれが異なった時間スパンで同時に相互影響を及ぼしあっていることを示している。**表2.5** にその上位と下位レベルのプロセッサの特徴をまとめる。

　人間の認知機能の有利な点は，上位から下位レベルへ制御行為を，習熟あるいは学習によって漸次委任し，習慣化によって意識的な注意を減じていけることにある（図 2.11 でのショートカットは「習慣化による自動化」のパスを表している）。一方，ヒューマンエラーはこのような特性を持った認知システム

表 2.5 二層の認知プロセッサの特性

	処理上の機能特性	心理面の機能特性
上位レベル	・より長い時間スパンで働く ・下位レベルの間欠的制御 ・目標達成への手段提供 ・目標接近への進行の監視	・プランニングと監視の意識的処理 ・短期記憶の容量制約による選択処理 (selectivity) （一時に一つの行為にしか注目できず，世界の特定の観点にしか焦点が当てられない）
下位レベル	・認知行動の本質的個別機能の自動処理 ・短時間に特定のデータ集合に反応して動作	・スキーマないし AI でいう記憶の知識構造（意味ネットワーク，フレーム，スクリプト，ヒューリスティックス）の実行

が変化する外界の状況に適用されるどのような過程で生じるもので，認知的アプローチでは認知システムがどのような側面に関与しているかによって，ヒューマンエラーの形式が系統的に予測できるとしている．

2.3.6 人の認知システムのバランスシート

カードの人間情報処理モデルは，人の認知システムをコンピュータになぞらえたものだが，人の認知システムは人間が発明したコンピュータとは異なったものであり，コンピュータにない優れた機能がある．しかし，この優れた機能と，それが生み出す系統的なヒューマンエラーとは同じものの両面と言えよう．このような人の認知処理システムの長所と短所をバランスシートとして示すと，例えば表 2.6 のようになる．この表では，貸し方に人間の認知処理システムのコンピュータとは異なる長所をまとめる一方，借り方にはそれによって予想される代表的なヒューマンエラーの機構を説明した．表 2.6 の貸し方での項目 1 の習熟化は，学習によって段々自動的なスキルベースの行動モードに移っていくこと．項目 2 の選択性は，人が生きていくうえで重要なことがらだけに自然に注意するようになっていること（人の注意機構のスパンがマジカルナンバーに抑えられていることはとりもなおさず生物としての生存競争の過程で余分なことにまで気を取られない仕組みに「進化」したことを意味する）．項目 3 の意味付けを求める努力とは効率的に情報圧縮して長く記憶に残るようにしていること．項目 4 は，現在の文脈で意味のあることがらを手がかりに意

表 2.6　人間の認知処理システムのバランスシート

項目	貸し方 (認知系の長所)	借り方 (予想されるヒューマンエラー)
1	習熟化（familiarization） 下位レベルへの自動的な制御の委任により資源制約的な意識プロセスの負担軽減	"strong-but-wrong"のエラー たいていは正しいが，その場合には誤りをもたらす習慣化した行為を無意識に実行して失敗する（注意の失敗）
2	選択性（selectivity） 注意のための資源制約のため，世界の特定の観点に焦点を当てる	認知過負荷（cognitive overload） 考慮すべきデータが多すぎて選択的注意のため大事なデータを見落として失敗する
3	意味付けを求める努力（effort after meaning） LTMには個々の事実のままよりは，理論付け（構造化）して記憶される	確証バイアス（confirmation bias） 事実を歪めて記憶しているため，記憶を適用する際に結果として誤った判断をする
4	検索システム（retrieval system） 膨大なLTMから敏速なパタンマッチで検索できる	利用可能性（availability） 経験上頻度が高いやり方や，つい最近やったことが頭に浮かび，これをすぐ当てはめて失敗する パタンマッチの歪み（matching bias） 無意識的に構成された連想記憶のバイアスのせいで失敗をもたらす

味を持たせて記憶されている情報が自然に浮かび上がるように制御が働く人間の記憶検索システムの特質を意味している。そしてこれらの特徴が逆に悪い方向に働くことがヒューマンエラーの諸相につながることを指摘している。なお，ヒューマンエラーの諸相の機構については3.2節で後述する。

2.4　アフォーダンス

2.4.1　生態という視点

これまでは，人が外界から情報を入手し，意識的な処理を通じて認識し，その結果に基づいて外界に働きかけるという図式に基づいてインタフェースを説明してきた。このような考え方の背景には，コンピュータとのアナロジーとして人をとらえようとする情報処理的アプローチの影響がある。このような人間モデルは，人を人工システムと対置するもう一つのシステムとしてとらえることで，システム側に引き寄せた形でシステム設計を行うことができるという点

で，ある程度までは有効であった。しかしこれは，インタフェースの一面しか見ていない。

　例えばつぎのような場面を考えてみよう。トイレに急いでいるときに，ドアを開けて部屋を出る。そのときは，トイレに行くことが目的であり，ドアを開けることは，手段であって目的ではない。したがってドアを開ける行為は強く意識されることはなく，ごく「自然」にドアを開けて外に出る。このときに少し振り返ってほしい。ドアをどのようにして開けただろうか。ドアノブの形はどのようであったろう。ドアノブをどのようにして操作したのか。そもそも，ドアノブなんてあったのか。人は意識しない事象については，当然のことながら記憶していない。しかしこのような「自然」な行為ができる，ということが重要なのである。意識しないで行為を行うということは，意識的な情報処理に基づくこれまでの図式では説明できない。これは一体どういうことか。

　これについてギブソン（Gibson, J.J.）の生態学的理論に従えば，「人が情報処理によってドアノブを認識したのではなく，ドアノブが人に対して，握って回すという行為を誘発したのだ」と説明できる[27]。このときに重要なことは，人の側がドアノブの特性を情報処理して行為を行ったのではなく，あくまでも意識しないで（ドアノブという名称を知らなくても）ドアノブを操作できたことである。このことは，意識的情報処理なしに行為が可能であることを示唆している。ギブソンによれば，ドアノブを「握って回す」という行為は人が意識して選択した行為ではないのだから，当然，ドアノブの側が**誘発**（afford）したのだと考えるべきだ。このような誘発は，ドアノブだけでは発生せず，人間だけでも発生しない。「握って回す」という特性を誘発するドアノブと，部屋の外に出たいという人が出会ったところに初めて立ち現れるものなのである。このように，行為の場でモノや環境から誘発される特性のことを**アフォーダンス**（affordance）と呼ぶ。アフォーダンスが自然に機能すれば，人は意識なしに行為できる。しかし，もしアフォーダンスがうまく機能しなければ，人は行為を妨げられたという印象を持ち，何か変だと考える。例えば，これまでに見たこともないような装置がドアに取り付けられていて操作の仕方がわからなけ

れば,「これは何だ」と感じながら意識的な情報処理を行い，操作することになる．このとき当面の目的は，トイレに行くことから，ドアを開けることに変わってしまう．トイレのような切迫した生理現象の場合は別だが，何か用事をするために別の部屋に行く場合には，ドアを開けることに手間取れば，当初の目的が何であったかも忘れてしまう可能性がある．これではスムーズな目的遂行は難しい．

　このような意識なしの行為は，人や動物が環境に適応してきた中で，環境との間で作り上げてきた相互作用である．それは人や動物がどのような生態系に適応してきたのかという長い歴史を反映している．この意味で，アフォーダンスは生態学的な概念なのである．

2.4.2 アフォーダンスとインタフェース

　多くの道具は，長い歴史を通じて，人間の生態学的適応の過程の中で選択され，うまくアフォーダンスの機能するものが使われてきた．ところがコンピュータはまだ歴史が浅い．特にコンピュータの非専門家がコンピュータを使うようになって20年ほどでしかない．しかもコンピュータは，操作するための物理的装置がモニタ，キーボード，マウスなどに限定されている．アフォーダンスの基本である物理的相互作用の種類が限られた中で，人間はコンピュータを使わなければならない．一方でコンピュータは単なる物理的な箱ではなく，そのうえでソフトウェアが動作する情報機器である．モニタ上にさまざまな内容のコンテンツをさまざまな形式で表示したり音声を使用することにより，視覚的，聴覚的な相互作用は多様に変更することが可能である．したがって，そのようなソフトウェアによって実現されるアフォーダンスが決定的に重要となる．タッチパネルは，キーボードなしで入力できるハードウェアであるが，見るだけで使い方が自然にわかるヒューマンインタフェースとなるにはソフトウェアによる工夫が必要不可欠である．人間を模したキャラクターが話しかけてくる**アバター**（avatar）によるインタフェースの場合は，ユーザは自然言語によって話しかけることで入力を行おうとするだろう．この場合は，人に似て

いるというアバターの特性が，自然言語による会話が可能なように思わせている。このときに，自然な会話ができなければ，ユーザはストレスを感じることになる。自然な行動を誘発すること，誘発した行動をスムーズに受け止めること。この2点がそろって初めて，使いやすいインタフェースと言えるだろう。

　アフォーダンスは言語的な処理を介さない相互作用である。したがって，言語によって解決することはできない。これまでの人間の環境には，ハードウェアしかなく，ソフトウェアという存在はなかった。ソフトウェアにおけるアフォーダンスは，人間にとって未知のものである。解決の一つの鍵は，「ソフトウェアをハードウェア化する」というアプローチだろう。メニューのアイコン表示，言語情報のコンピュータグラフィックスによる視覚化などはその例であり，「操作できる情報」としての**タンジブルビット**（tangible bits）の研究などに結実している[28]。アフォーダンスの観点からヒューマンインタフェースを見直すべき課題は多い。

2.4.3 状況に埋め込まれた認知

　アフォーダンスという概念に触発されて，生態学的観点から情報処理的アプローチに異議を唱える立場が注目されている。それは**状況論的アプローチ**（situated approach）である。

　サッチマン（Suchman, L.A.）は人の認知や行為について，情報処理的アプローチが主張するようなプランや手順に沿って行われるものではない点や，従来重視されていたプランや手順は，概略的なプランは考えるかもしれないが，あくまでも方針レベルであり，詳細なプランは頭の中のどこにもない，と主張した[28]。整然としたプランは，だれか他者に自分の行為を説明するようなときに，初めて構築されるのである。それでは，行為はどこから出てくるのか。それは，人が環境とアドホックな相互作用を行う過程で，ダイナミックに，その場その場で生成されるものなのである。情報処理的アプローチでは，状況の変化をあらかじめ考慮したプランを生成したり，途中でプランを修正するのだと考えるが，前もって詳細なプランが作成されるのではないと考えるのが状況論

的アプローチである．状況と切り離された認知や行為はあり得ず，認知や行為は「状況に埋め込まれた（situated）」ものなのである．認知はさまざまなリソースを用いて行われる．リソースは道具と言い換えてもよい．コンピュータのモニタやキーボードも認知的道具であるし，他者や文化なども認知的道具である．そこで，認知的道具と人との相互作用が課題となる．

　人が状況に依存した存在であるのに対して，コンピュータはあらかじめ決められた手順（プログラム＝完全なプラン）で処理をするしかない「状況に埋め込まれていない」存在である．サッチマンは，コンピュータの処理手順はシステム設計者の意図や前提を表現したものであり，この限りにおいて，ユーザとの間で柔軟な相互作用はあり得ないと言う．それでは，どうすればよいのか．サッチマンは明確な回答を出しておらず，今後の大きな課題である．設計者は個別機能を提供するだけで，それを組み合わせてどのように使うかはユーザに委ねる，というアプローチも考えられるだろう．ユーザはしばしば設計者の意図を超えた使い方を発明するものなのである．

2.4.4　認知のための道具

　人の認知や行為は，外界の状況や道具に依存している．例えばプロの大工は道具を大事にするが，道具が変われば，仕事をうまくできないこともある．プロ野球選手も，バットが変わればヒットを打てない．これらの例は，人の認知や技能が使い慣れた道具に依存していることを示している．

　このことから逆に，行為の異変から道具の異変に気づくことができる．プロ野球の王選手は現役時代に，投手の投げたボールがバットに当たる位置が微妙にずれていることから，バッターボックスの枠を示す白線が間違って後ろ側に引かれていたことに気づいたという．野球選手は目だけでなく，バット，バッターボックス，体などを使って投手の投げるボールを認知している．ボールがバットに当たる位置の変化を認知したことから，もう一つの認知の道具であるバッターボックスの変化に気づいたのである．

　このような，道具を介した認知は，いわゆる「体が覚えている」認知であ

る。このときに，道具は意識されず，道具を通じて知覚される環境が意識に上ってくる。杖をついて歩く場合，手が感じ取るのは，杖そのものの感触ではなく，地面の感触である。バッターは，バットを感じているのではなく，投手のボールを，さらには投手の調子の良し悪しを手に感じ取っている。このように，直接的に知覚しているものの背後にある別の存在を非言語的に認知する行為をポランニー（Polanyi, M.）は「**暗黙知**（implicit knowledge）」と呼んだ[29]。特定の人の顔を識別することはできるのに，その顔の細部はわからないことはその典型例である。じつは，2.2.7項で述べた，なぜ人はカテゴリーに分類できるのかという問題は，暗黙知によると答えることが，現時点では正しい。暗黙知の一つの特徴は，このように，全体的な判断はできるのに，細目の認知を言語化できないことである。もちろん，顔を見るときに目だけに注目することは可能である。しかしこのときには，顔はわからないし，瞳やまつ毛などの目の細目もわからない。このことは，暗黙知が注意と関係が深いことを意味している。杖をついている人は，地面に注意を向けているから地面を知覚できるのであり，そのときには杖の感覚はない。杖に注意が向けば，地面を知覚することはできない。

　暗黙知とアフォーダンスはともに非言語的な認知であるが，両者はどのような関係にあるのだろうか。どちらも行為を通じた環境との相互作用に注目した議論であるが，アフォーダンスのほうがより知覚そのものに近い部分を対象にしており，暗黙知はより高次の認知までをも含んでいるように思われる。いずれにしても，ヒューマンインタフェースとの関連では，このような非言語的な認知という人の特性を阻むようなヒューマンインタフェースは好ましくないだろうし，このような特性をうまく利用すべきであろう。

2.4.5　システム設計の状況論的アプローチ

　状況論的アプローチからヒューマンインタフェース設計を見直すとき，重要なことは，設計対象である道具や機器だけを設計しているのではなく，その環境までも設計しているのだということを意識することである[30]。例えば，最近

の自治体業務の効率化の動きに中で，**電子自治体システム**（continuous acquisition and lifecycle support；CALS）の導入が各自治体で推進されてきている。そこでは，システム設計の最初に**ビジネス過程のリエンジニアリング**（business process reengineering；BPR）が行われる重要性が指摘されている。これは，これまでの業務の実施方法を効率化の観点から分析し，ボトルネックとなっているような業務を洗い出して，どのようなシステム化を実施すれば効率化が図れるかを検討するものである。重要なことは，BPRでは，従来の業務のあり方に新たなシステムをどのように組み込むかを検討するのではなく，業務全体の効率化を考えたときに，どの部分をどのようにシステム化すればよいかを考えるということである。この点でBPRは，住民や社会制度などの自治体業務をとりまく環境全体を再設計し，職員，住民，関連団体などとの関係のあり方を作り変えようとしていると言える。このような作業はCALSの場合だけではない。JRのみどりの窓口業務支援システムでは，JRの輸送計画，駅の場所や規模や施設，各列車の編成や特性，駅員の勤務体系，旅客の季節変動やニーズの動向など，多様な条件を考慮して設計されており，そのことによって，日本人の列車による旅への意識や関わり方に変化を生じさせてもいる。同様の作業は，本来はコンピュータを用いるすべてのシステムの設計においても行われるべきなのである。

また，嗜好品の設計においては，感性工学的手法に基づいた設計が実施されてきている。そこでは，製品が使われる社会的環境として新たなライフスタイルの提案が行われ，そこで使うことがふさわしいものとして製品イメージが設計され，イメージを具体化するための機能設計，詳細設計が行われている。例えば車のエンジン設計チームは，しなやかな車のエンジンとはどうあるべきかを考えている。

しかし上記のような成功した数少ないシステムを除けば，多くのシステムの設計において，設計作業に社会的環境の再設計を含んでいることが十分には意識されていなかったのではないだろうか。市販のパソコンの場合，パソコンの設計者は自らの設計範囲を，コンピュータを構成する機器とソフトウェアに限

定してしまいがちである．しかし実際にコンピュータを使う場合には，参考資料を横に置いたり，メモをとったり，途中で他の用事をはさんで仕事を再開したりと，さまざまなことが行われる．これらの全体を含んでのコンピュータ使用であり，これらの全体を設計するのである．単体としてのモノだけを設計するのではなく，新たな活動や環境を設計し提案することが求められる．

　しかしこれだけでは従来の設計論を大きく超えることはできない．単に設計者の持つ価値観の押し売りになってしまう可能性がある．さらに重要なことは，設計者が，自らの視点や立場を再認識することである．ある製品を設計するとき，考慮すべき社会的環境には，設計者自身も含まれる．だれがどのような視点から見た現状分析なのか，どのような価値観や制約を持った人が行う設計や提案なのか，このようなことについての反省的分析がなされない限り，**ユーザと設計者の乖離**という，これまでと同じ過ちを犯してしまう．例えば専門用語を用いて思考し設計している設計者が，それらの用語を使うことで自らの思考が制約を受けていることをどこまで意識しているだろうか．思考や発想が道具に影響を受ける以上，道具である用語の制約を受けるのは当然である．「マウス」という用語を使った瞬間から，設計者にとってマウスは自明のものとなり，その使用が前提とされてしまうのである．このような点を再認識することから，新たなヒューマンインタフェース設計が始まるのであろう．

2.4.6　美　と　認　知

　状況論的アプローチの考え方の有効性が劇的に現れるのは，美との関連である．美とは，特定の状況における人間と対象とのまさしく「出会い」である．美術館での芸術作品との出会いもあるだろうし，日常見慣れた風景の中の何気ない部分に新たな美を発見することもあるだろう．毎日見ている夕日であっても，特定の日の夕日が特別に美しく感じられることがある．対象はつねに人間に対して働きかけるが，人間の側に美を見いだす条件がそろって初めて，美が発見される．それは言葉を介さない相互作用であり，目的を持った認知や行動ではない．突然訪れる美の発見は情報処理的アプローチでは説明できない．

ヒューマンインタフェースの観点から見て，美しいものが使いやすいとは限らないが，美はヒューマンインタフェースの重要な要素の一つである。そこには，機能美やかわいらしさなど，さまざまな要素が含まれた感性の世界がある。美を積極的に創造する活動は芸術活動と呼ばれる。それは，あらかじめ意図された，特定の美の形を作るものではなく，美の発見の場を提供するための誘発の活動であり，思いがけない発見を持つ活動でもある。アクションペインティングや参加型空間芸術と呼ばれる活動は，このような側面を強調している。何が発見されるかわからないワクワク感に，芸術活動の真髄があり，これこそがユーザエクスペリエンスである。芸術活動の視点からヒューマンインタフェース設計を見直すとき，ヒューマンインタフェースへの新たな切り口が見えてくる点もあるのではないだろうか。

―――― 演 習 問 題 ――――

【問 2.1】 カードの人間情報処理モデルを説明せよ。

【問 2.2】 多くのカメラ映像を一度に監視しなければならない監視業務（プラント監視，道路監視など）を支援するシステムの場合，特にどのようなことに注意して設計すべきか説明せよ。

【問 2.3】 人間はさまざまなことを忘れてしまう。忘却したときにコンピュータで支援する方法や機能をいくつか挙げよ。ただし，忘却の対象は何でもよい。

【問 2.4】 コンピュータ上で絵や図をうまく用いて新しい知識を教えるシステムをいくつか挙げよ。

【問 2.5】 現在のソフトウェアで，アフォーダンスを考慮していると思われる工夫をいくつか挙げよ。

【問 2.6】 アフォーダンスがあれば学習する必要はないのだろうか。アフォーダンスと学習の関係について考察せよ。

【問 2.7】 人間は，他者に対してどのようなアフォーダンスを提供しているだろうか。そのことを用いてコンピュータを使いやすくしている工夫の例をいくつか挙げよ。

【問 2.8】 ソフトウェアで条件文を用いれば状況を考慮できるとする考え方もある。これは正しいかどうかを考察せよ。

3. インタフェースの認知システム工学

認知システム工学とは，人の高次心理機能である感覚，知覚，認知行動を一体化した認知システムととらえて，知的インタフェースや知能ロボットなどに応用を図る分野である．本章では，人間と機械で構成される**人間機械系**（human machine system）の中心的課題である，マンマシンインタフェースの高度化に関わる認知システム工学の基礎知識と応用を解説する．

3.1 インタフェースでの認知行動とインタフェース

これまでに述べた人の認知情報処理特性の知識をもとに，人間と機械の接点のインタフェースでの認知行動のさまざまな側面を考える．インタフェースの場面としては，種々のプラントの制御盤，車両，航空機などの運転席でのオペレータのような専門家から，パソコン，券売機，ATM，携帯電話など民生機器を操作する普通のユーザまでさまざまだが，共通要素として監視操作のための入出力情報がインタフェースに集約されている．つまり，インタフェース装置という窓を媒体にして人が機械とコミュニケーションする限定された場面での人の認知情報処理行動のモデルが課題である．

3.1.1 人と機械の比較と人のパフォーマンス

まず，**表3.1**に人と機械を比較する**フィッツリスト**（Fitts list）を示す[31]．機械はあらかじめ設計された手順の処理は速く正確だが想定外のことには対応できない．一方，人は直観的なパターン認識，想定外事態に対処する創造性に

表 3.1 機械と人間の比較（フィッツリスト）[31]

属 性	機 械	人 間
速 度	・非常に優れている	・比較的緩慢，秒単位で測定可能
出 力	・レベルの点でも一貫性の点でも非常に優れている	・比較的弱い ・短時間全出力で約 1500 W まで ・持続時間が 1 時間を超えると 150 W 未満
堅実性	・変化のない反復運動に理想的	・信頼性が低い ・必ず習得してマンネリ化と疲労感を起こす
情報処理能力	・多重チャンネル処理が可能 ・速度は数 M bit/秒で伝送可能	・おもに単一チャンネル ・情報伝送速度は遅く，通常は 10 bits/秒以下
記憶容量	・逐次再生の場合は理想的 ・アクセスが限られ形式的	・原則や戦略の場合は，人間のほうが適する ・アクセスは融通性があり創造的
推論計算	・十分に演繹的 ・プログラミング作成は困難であるが，推論計算は速く，的確 ・エラー補正能力は不十分	・十分に帰納的 ・プログラミング再生が容易 ・推論計算は緩慢で不正確 ・エラー補正能力は十分
検知能力	・専門的で範囲が比較的狭い ・定量的評価は十分 ・パターン評価能力は劣る	・検知エネルギー範囲が広く，場合によっては多重機能を有する
防護能力	・書面と口頭の場合の変化に対応する能力が不十分 ・ノイズがある場合のメッセージ検出能力が不十分	・書面と口頭の場合の変化に対応する能力が十分にある ・ノイズがある場合のメッセージ検出能力が機械同様，不十分

優れるが，速さ，正確さ，耐久力では機械に勝てない。

ヒューマンファクタや人間機械系の用語でよく人の**パフォーマンス**（performance）ということばが出てくる。パフォーマンスとは人の行為の出来具合を意味するが，日本語には訳しにくい。人のパフォーマンスは個々の人の能力に関わっている。それでは人の能力とは何か。もちろん，知能検査，体力検査などあるが，フライシュマン（E. A. Fleishman）は，**表 3.2** に示すように認知能力，心理運動能力，身体能力，感覚・知覚能力を挙げている[32]。インタフェースの設計ではそれを使用する人を考えなければならないが，その能力は多角的でまた人によって千差万別である。認知システム工学ではおもに表 3.2 中の認知能力を対象にする。

表3.2 フライシュマンによる人の能力の分類[32]

#	認知能力	#		#	
1	話し言葉や文章を理解できる	18	あるものやその一部が動いたときの見え方を想像できる	33	ある仕事で短時間急速に出せる筋力がある
2	書き言葉や文章を理解できる	19	文字，数，絵，パターンなどを素早く正しく照合できる	34	ある時間にわたって連続的に出せる筋力がある
3	わかるように話せる			35	ある時間にわたり連続的に体を支えるために腹部や背部に出せる筋力がある
4	わかるように文を書ける	20	ある程度の時間にわたり一つのタスクに注意を集中できる		
5	あるトピックスについていくつもアイデアを出せる				
6	あるトピックや状況に陳腐でない賢いアイデアを出せる	21	効率的に二つ以上の活動を同時にこなせる	36	体，腕，脚部を曲げ伸ばしひねりができる範囲が広い
7	言葉，数，絵，手順のような情報を記憶できる		心理運動能力	37	体，腕，脚部を素早く繰り返して曲げ，伸ばし，ひねりができる
		22	正確に位置を制御できる		
8	何が悪いのか，悪くなっていくのかがわかる	23	四肢の動きを協調させることができる	38	全身運動時に腕，脚，骨格の運動を協調できる
9	問題を数学的に構成して解くことができる	24	二つ以上の動く信号から一つを早く正しく選択できる	39	不安定な姿勢で体の平衡を保つことができる
10	数の四則演算や操作が早く正確にできる	25	連続的に動く対象に合わせるように制御できる	40	長い仕事をできるスタミナがある
					感覚・知覚能力
11	特定の問題に一般規則を当てはめ論理的に答を導ける	26	ある信号が現れたときに素早く対応できる	41	近くを見る視力
				42	遠方を見る視力
12	個々の個別情報や答を統合して一般的規則や結論を構成できる	27	何かを把持して動かすときに手と腕とがしっかりしている	43	色を識別する能力
				44	夜間視力
				45	周辺視力
13	ある規則に従ってものごとを順序づけることができる	28	何かを把持して動かすときに手の動きを協調できる	46	深さ，遠近感，距離感の視力
14	一群のものごとをうまく説明するルール群を生成できる	29	何かを把持して動かすときに指を細かく協調できる	47	ぎらつきや周りが明るい状況でものが見分けられる
15	意味がないように見える情報を手早く意味付けできる	30	指，手，手首全体を素早く細かく繰り返し動かせる	48	音を聞き分けられる
				49	雑音中で特定の音を聞くことができる
16	他のものごとに隠されているパターンを見いだせる	31	腕や脚を早く動かせる	50	音源の同定ができる
			身体的能力	51	会話が聞き分けられる
17	周囲の環境や状況の中で自分の位置を知ることができる	32	物を持上げ，押引，持ち運ぶ連続的筋力がある	52	他人にわかるように明確に会話できる

3.1.2 理解とインタフェース

利用者は機械に関する概念的なモデルを構築し，それをもとに機械の仕組みを理解し，機械を操作しようとする。この概念的なモデルをノーマンは**メンタルモデル**（mental model）と呼んだ。メンタルモデルは利用者だけでなく，設計者も持っている。利用者のメンタルモデルが設計者の想定したメンタルモデルと同じだと機械をうまく使いこなすことができる。設計者のメンタルモデルがうまく機械の操作盤やそのマニュアルに反映されていれば，利用者が操作盤やマニュアルを通して機械の正しいメンタルモデルを構築できる。

しかし，利用者のメンタルモデルは人によって千差万別で同じ人でもいつも一定ではない。それはまずインタフェースの見え方で変わってくる。

3.1.3 インタフェースでのものの見え方

（1） 図と地および文脈　　図3.1は心理学の教科書によくある絵だが，これを見ておばあさんに見える場合と若い女性に見える場合がある。一方が認識されると一貫した整合性の制約が働き，他の見え方が抑制される。「おばあさん」に見えるときはおばあさんが図（前景）で「若い女性」は地（背景）に抑制されている。この図と地は固定的でなく，**注意**（attention）の向け方によって逆転する。注意の向け方は，脳の認知処理系を一方的にバインディングする働き，文脈を規定する働きをもたらしている。要するに注意の向け方で，も

図3.1　おばあさんと若い女性の絵

ののの見え方が変わる。なお，注意の働きは，感覚・知覚の機能や短期記憶の容量の制約がもたらしているもので，生体の行動にとって生得的，後天的に重要な事柄だけに絞られる機能と言える。

（2） 文脈で変わるインタフェースの意味　文脈の違いでインタフェースは見え方が異なってくる。インタフェースで監視制御する運転員には，計装情報は**信号**（signal），**符号**（sign），**記号**（symbol）の三つのいずれかとして知覚される[23]。このことを**図3.2**のメータを例に説明する。図 (a) で，流量計の針が設定点になるように針の位置と設定点の差がゼロになるようにバルブを手で回すときは信号として見える場合である。つまり運転員は流量を一定にするようにメータの指示を入力信号として手動制御をしている場合である。図 (b) は符号として見える場合である。針の位置を論理判断のデータとして見る場合で，もしバルブが全開で定格流量を表すとき針の位置がCならOK，Dなら流量を定格値に調整，もしバルブが閉でAならOKだがBならゼロになるように調整しなければならない。最後の図 (c) の記号として見える場合は，流量計を調整したのにバルブ閉で流量計の指示がBである。これはおかしい，きっと流量計とバルブの間に穴が空いていてそこから水漏れしているな，と考える場合である。つまり，流量計とバルブの付いた配管内の流れの物理知識に立ち返って流量計指示の意味（記号）を解釈している。要するに同じものが注意の

(a) 信号として見える場合　　(b) 符号として見える場合　　(c) 記号として見える場合

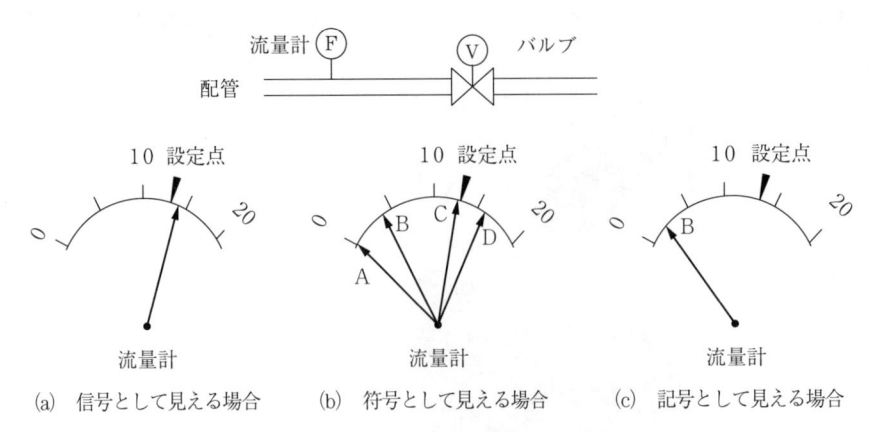

図3.2　計装情報の信号，符号，記号としての見え方[23]

向け方，文脈の違いで流量計の針の意味が変わる．

3.1.4 三つの認知行動モード

ラスムッセンは，インタフェースの見え方，知覚パタンの違いに応じて，その後の認知行動もモードも異なるとして，無意識な反射行動である**スキルベース** (skill-base)，意識的だがパタン化された**ルールベース** (rule-base)，意識的で抽象的論理的思考を行う**知識ベース** (knowledge-base) の三つに分類している[23]．これを**ラスムッセンの運転員モデル** (Rasmussen's operator model) という．これはとりもなおさず学習による習熟でユーザの行動モードが変わることを示している．

図3.3にラスムッセンの運転員モデルを示す．信号として外界情報を受け取るスキルベース行動ではほとんど無意識にあたかも自動制御系のように滑らかに行動する．また，符号として受け取るルールベース行動では意識的だが外界状況を代表するラベルと，行動ないしシステム状態との対応関係を想起し，ただちに行動に移るか，さらに後続の状態のラベルと行動の間を論理的に結びつける連合操作などを行う．このような連合操作で用いる，外界状況―状態―行

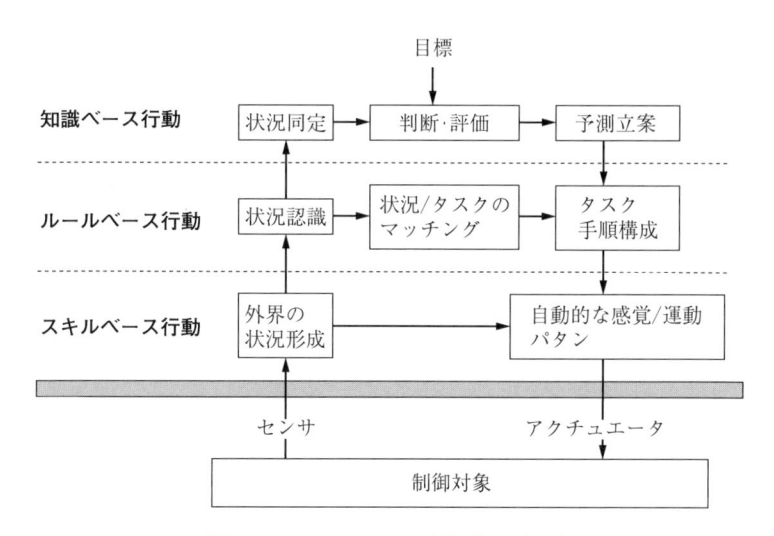

図3.3 ラスムッセンの運転員モデル[23]

動の間のメンタルモデルは運転員がスキーマとして内面的に構成しているメンタルモデルである。以上のスキル，ルールベース行動には労力がいらない。熟練運転員はこの二つのモードで対応操作を行う。

一方，知識ベース行動では，外界状況は抽象的な記号として認識され，外界の機能関係あるいは因果関係に対するメンタルモデルを用いて外界の意味付けを行う。メンタルモデルに従って状況の理由や原因を理解し，今後の状況の予測を行い，とるべき行動を決定する。この知識ベース行動は意識的で労力のかかる行動モードである。ある意味で熟練度の低い素人の行動でもあるが，熟練した運転員でもこれまで経験したことのない状況では，この行動モードになる。

3.1.5 インタフェースの二つの接点

図3.3では，運転員と機械の間には二つの人との接点がある。一つは**センサ**（sensor）で，もう一つは**アクチュエータ**（actuator）である。センサは人が機械の状態を知る（監視）ため，アクチュエータは人が機械の状態を自分の望む方向に変える（制御）ためのものである。人が機械と関わるのはこのセンサとアクチュエータの部分だけでこれがインタフェースであり，実際の仕事は機械そのものが行っている。

3.1.6 わかりやすく使いやすいインタフェース

インタフェースにコンピュータを介在させて，人と機械との円滑なコミュニケーションを図ることを考える。それを工夫する方向として，① 新たな学習が必要でない，② メンタルモデルの構築を支援する，③ 直観や習熟を活かしやすくする，の観点から使いやすいインタフェースを考える。そこで**アフォーダンス**の概念が登場する[27]。ギブソンは，脳の中でどのような情報処理が行われているかを問題にするだけでなく，頭の外側，つまり行動する人を取り囲む環境にどのような情報源が用意されているか考察した。例えば開け方がわからないドアでも，突起物があればそれを手でつかんで引っ張ったり押したり，くぼみがあればそれに手をかけて横にスライドさせる。このように人に自然と行

動を促すようなアフォーダンスは使いやすい道具やインタフェースを設計するうえでの大きなヒントになる。

（1）新たな学習が必要でないインタフェース　どのような操作をするかは自分で考えなければならないとしても，選択肢を少なくし，制約を設けたり，アフォーダンスを与えるようにし，自然にわかるインタフェースにすれば学習の負担は少なくてすむ。そのような学習を必要としないインタフェースの例を**表3.3**に示す。

表3.3　学習を必要としないインタフェースの例[3]

項　目	内　　　容
メニュー型HCI	提示されるメニューに従っていけば考えなくてよい
制　約	やっても意味のない操作などをできないようにしておく
自然な対応付け	機器とスイッチなどの対応関係が自然にわかるようにする
デフォルト値	特別な設定が必要なければこれでよいという省略値を設ける
アフォーダンス	見ただけでどのような操作をすればよいのかわかるようにする
秘書型システム	やって欲しいことをおおまかに伝えるだけですむシステム

（2）メンタルモデルの構築を支援するインタフェース　表3.3のメニュー型HCIでは新たな知識はいらないが，機械を利用するユーザはただ応答するだけでは全体の枠組みが見えない。全体が見えてメンタルモデルが正しく構築されるように支援するには，設定すべき項目をウィンドウ画面にすべて提示し，各項目を設定するようにすればよい。またトラブル発生の事態に対処できるには，ある程度機械の中身がわかっているほうがよい。そのためにはマニュアルもただ操作手順を示すだけでなく，理解を助けるマニュアルも必要である。メンタルモデルの構築を支援するインタフェースの例を**表3.4**に示す。

表3.4　メンタルモデルの構築を支援するインタフェースの例[3]

項　目	内　　　容
穴埋め型HCI	設定項目をすべて表示し，全体像がわかるようにする
メタファー	利用者が知っている知識にたとえて直観的理解を助ける
視覚化	内部で生じていることを見えるようにする
理解型マニュアル	操作だけの説明ではなく，仕組みが理解できるような説明をする

(3) 直観や習熟を活かしやすくするインタフェース　例えばゴミ箱に不要な文書を捨てるような**メタファー**（metaphor）で，マウスでファイルのアイコンを直接操作してファイルの削除や移動ができる**ダイレクトマニピュレーション**（direct manipulation）のインタフェースは，大変わかりやすい。でも慣れてくるとかえって面倒である。この場合，メニューを選択しなくても特定のキー操作で同じことができる**ショートカット**（short cut）は便利である。学習の程度に応じて直観や習熟を活かしやすくするインタフェースの例を**表3.5**に示す。

表3.5　直観や習熟を活かしやすくするインタフェースの例[3)]

項　目	内　容
ダイレクトマニピュレーション	対象物を直接操作するような現実感覚を持たせる
ショートカット	わかっているのにいちいちステップを踏まないといけない手間を省けるように近道を設ける
道具型システム	仕組みがよくわかっている道具のように使える

　コンピュータのインタフェースへの応用では，画面上の2次元グラフィックス表示のマウス操作からいわゆる**バーチャルリアリティ**（virtual reality）のような3次元の仮想感覚空間，さらには実空間に仮想情報を重ね合わせた**拡張現実感**（augmented reality）**技術**の利用へと広がってきた。バーチャルリアリティは仮想現実感，人工現実感とも言われる。これはコンピュータによって構成された視覚，聴覚，触覚，力覚などの仮想感覚空間にユーザが没入して実際のような感覚体験ができることを指向している。一方，拡張現実感は実世界指向現実感とも言われる。バーチャルリアリティではユーザの両眼視界を遮断するヘッドマウンテッドディスプレイに立体映像を投射して仮想の3次元映像空間をユーザに体験させるが，拡張現実感では，例えば美術館に行ってユーザがシースルー型ヘッドマウンテッドディスプレイを装着し，自分が見たい画家の名前を言うとその作品の陳列してある部屋，コーナーまでの道順がシースルー画面にナビゲートされ，そして展示してある作品の前に立てばその作品の説明文章が浮かび上がり，聴きたければ読み上げてくれるといったイメージであ

る。

（4）**道具メタファーからエージェントメタファーへ**　道具（tool）というのは人が自分で仕事をするときに使うものだが，**エージェント**（agent）とは人がやってほしいことを代わりにしてくれるものである。パソコンにはワープロや表，作図といった作業をやってくれるソフトがある。これらは道具であって，使う人が仕事を自分でしている。つまり**直接操作型**（direct operation）であるが，秘書さんにこういう仕事をやってもらうとき，秘書さんはエージェントである。秘書さんは人間だが，コンピュータに道具がすることを組み合わせて自動的に代行してもらう**間接操作型**がコンピュータに登場し，人が人に仕事を頼むように人がコンピュータに仕事を頼む**インタフェースエージェント**（interface agent）が登場してきた。秘書さんは機嫌が悪いとしないことがあるし，単に忘れることもあるが，コンピュータならそういうことは絶対にないだろう。このインタフェースエージェントの実現には，人が何を求めているのかを正しく理解するコミュニケーションの技術が必要である。これができれば後はコンピュータのできる範囲できちんとしてくれる。

3.2　インタフェースでのヒューマンエラー

3.2.1　HCIでのヒューマンエラー

パソコン利用が拡大して**ヒューマンコンピュータインタラクション**（HCI）の領域で，使いやすいインタフェースとともに，**ヒューマンエラー**（human error）のメカニズムに関心が持たれた。ヒューマンエラーは，人が扱う機械によって急に「重たい」問題になるが，まず個人的なパソコン利用の範囲程度の「軽い」ヒューマンエラーから考える。

ノーマンはエラーが認知過程のどの時点で生じるかでエラーを分類した。人間がある行為を行うには何をすべきかを考える意図の形成過程と，それを実行に移す過程とに分けられる。ノーマンは最初の意図形成段階の誤りを**ミステーク**とし，行為を実行している段階の誤りの**スリップ**（slip）とは区別した[2]。

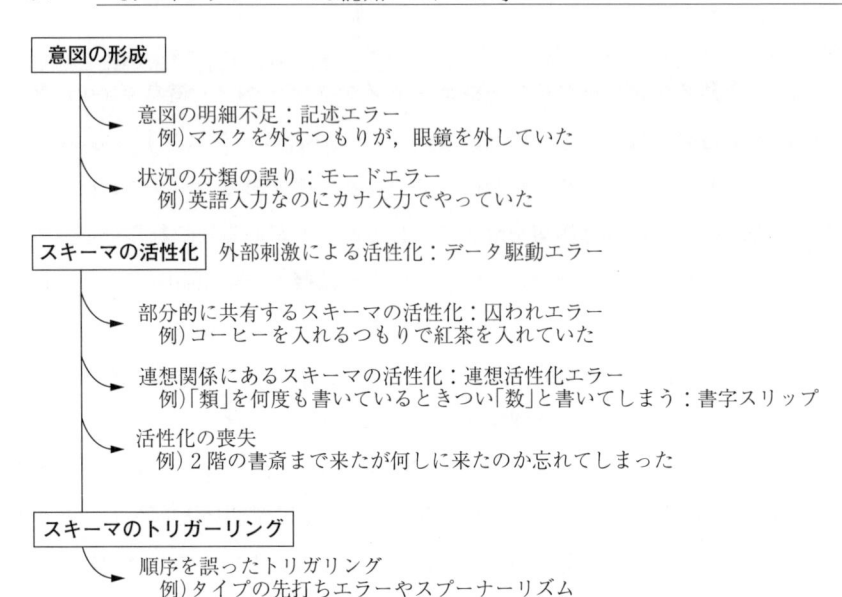

```
意図の形成
  ├→ 意図の明細不足：記述エラー
  │    例）マスクを外すつもりが，眼鏡を外していた
  └→ 状況の分類の誤り：モードエラー
       例）英語入力なのにカナ入力でやっていた

スキーマの活性化 │ 外部刺激による活性化：データ駆動エラー
  ├→ 部分的に共有するスキーマの活性化：囚われエラー
  │    例）コーヒーを入れるつもりで紅茶を入れていた
  ├→ 連想関係にあるスキーマの活性化：連想活性化エラー
  │    例）「類」を何度も書いているときつい「数」と書いてしまう：書字スリップ
  └→ 活性化の喪失
       例）2階の書斎まで来たが何しに来たのか忘れてしまった

スキーマのトリガーリング
  └→ 順序を誤ったトリガリング
       例）タイプの先打ちエラーやスプーナーリズム
```

図 3.4　ATS 理論におけるスリップによるエラーの分類

そして **ATS**（action trigger system）**理論**と名付けて，行為の系列を意図形成，スキーマ選択，トリガーの発生の 3 段階に分けてスリップによるエラーを図 3.4 のように分類している。

3.2.2　コンピュータ操作のヒューマンエラー対策

　コンピュータが人々のあらゆる職場，生活場面に浸透している。コンピュータ操作のヒューマンエラー対策で参考になるいくつかのアイデアを以下に紹介する。

（1）**メタ認知とクリティカルシンキング**　　**メタ認知**（meta cognition）とは，自分の認知能力がどの程度なのか，自分がいまやっていること，考えていることにどれほど自信があるのか，といったことを意味している。いわば「自分の認知を認知すること」である。このメタ認知機能を意識的に働かせる方法の一つが**クリティカルシンキング**（critical thinking）である。自分が何かをする前に疑いの心を持って懐疑的かつ批判的にものごとを考える思考法で

ある。パソコン操作でもこのように仕向ける仕組みのメッセージが組み込まれていることに気づくだろう。もっともうるさいな，と思うのは人の性でもある。

（2） **外的手がかり**　いくらクリティカルシンキングを仕向けるといっても所詮はその人の個人的な主観でついやってしまうことがある。そのような場合には外から気づかせる仕組みを入れることである。誤った操作は受け付けない**インターロック**（inter lock）などは制約も設けるものであり，また，**フェイルセーフ**（fail safe）や**フェイルアズイズ**（fail as is）なども誤ったことを気づかせれば有効な方法である。むしろ試行錯誤で機械の仕組みの正しいメンタルモードを学習させる機能など，わかりやすい親切な教え方が組み込まれればよい。

（3） **温かい認知**　海保は，人間の認知処理行動を機械のアナロジーだけでとらえる**冷たい認知**（cold cognition）から，**温かい認知**（warm cognition）ということばで，動機付けや情動の側面も考慮した認知過程をとらえる必要があるとしている[33]。4章で紹介する**インタフェースエージェント**（interface agent）はその一例である。メタファーとしてはキャラクターエージェントの登場する**教えて学ぶCAI**[34]，**自分の価値観を内省するCAI**[35]などがある。

以上では普通のユーザを対象にしたパソコンなどのインタフェースのあり方やヒューマンエラーを述べたが，安全最優先の機械システムの操作では，重大な失敗は許容されない。次項以降はプラント運転員や航空機のパイロットのような高度な機械を操作する専門家のヒューマンエラーの問題を論じる。

3.2.3　認知心理学でのヒューマンエラーの分類

ノーマンのヒューマンエラー分類のように，認知心理学ではヒューマンエラーを，意図は正しいが実行時のエラーである**スリップ**（slip）と**ラプス**（lapse）と，行動の意図の誤りである**ミステーク**に分類する。スリップとラプスの違いは，実行時の注意がおろそかになって生じるものがスリップ，実行時

に用いる記憶の誤りに起因するものがラプスである。また，ミステークは医者の誤診のような判断ミスを言う。もとの判断を間違えれば後のやり方にスリップやラプスがなくても影響は甚大であり，ミステークの影響は大きい。一方，実行時のスリップやラプスではもとの判断は誤っていないので，やっている途中で間違ったことに自分でも気づきやすい。ミステークはそうと思いこんでしまうと自分ではなかなか考え直しが効かず，他人から言われてやっと気がつく。ミステークは修正されにくい点も注意すべきである。

以上はわれわれの日常でも当てはまる事柄であるが，プラント運転員のような専門家は，どのような形のヒューマンエラーを犯し得るだろうか？

3.2.4　汎用エラーモデリングシステム GEMS

エンブレー（D.E. Embrey）とリーズン（J.Reason）は，ラスムッセンの三つの行動モデルを発展し，プラント監視制御における時間的推移を考慮した，定性的で記述的な行動モデルとして，**図3.5** のような**汎用エラーモデリングシステム**（generic error modeling system；GEMS）[36)]を提唱し，運転員の犯し得るヒューマンエラーの形態について以下のように述べている。

① 監視におけるスキルベース行動の過誤は，スリップである。
② 問題解決段階のルールベース，知識ベース行動の過誤はミステークである。

以下図3.5をもとに，GEMSの内容を詳しく説明する。

(1) 監視における過誤（問題検出前のスリップ）　習熟した運転員が馴染みの状況でタスクを実行するルーチン的行動では，ほとんどの時間スパンは無意識であるが，事態の進展に応じてときどき意識的なチェックが介入する，あらかじめプログラム化された行動の順序集合とみなせる。

そして間欠的なチェックでは上位の認知プロセッサが過渡的に無意識的なコントロールループに割り込んで，やっている制御行動で計画どおり進んでいるか，目標達成には実行中の行動プランで十分か，をモニタしている。

いま，このような全体的な制御行動はいくつかの単位行動のチェーン（図

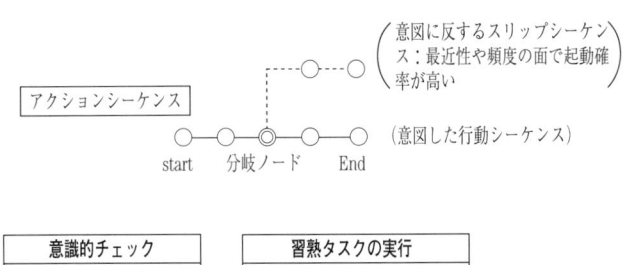

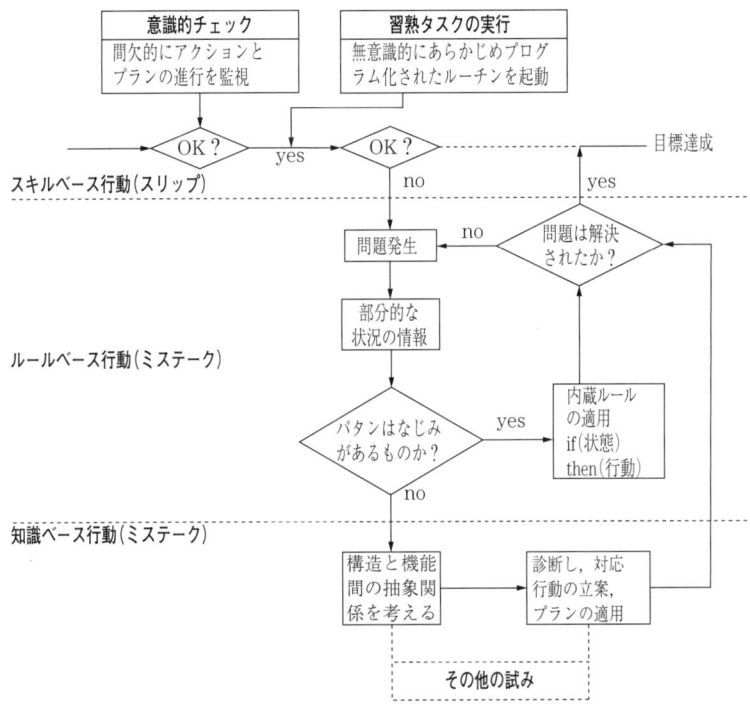

3.2 インタフェースでのヒューマンエラー　67

図3.5　汎用エラーモデリングシステム GEMS [36]

3.5の上部に示す「**意図した行動シーケンス**」）を形成している。そのシーケンスの途中でいくつかのルートに分かれる可能性のあるノードを分岐ノードとする。これは図3.5の中の「**意図に反するスリップシーケンス**」で，分岐ノードのあとの潜在ルートは最近やった事や，これまでの経験でよくやる頻度が高い。

このような場合，最も有効な意識的チェックは，この分岐ノードにタイミン

グが合っているときであるが,これがずれると誤ったスリップシーケンスが発動される。これが監視におけるスリップによる過誤である。このようなスリップの形式には**表3.6**に例示するようにさまざまなエラーの形式があるが,最も頻発するものは先に述べたモードで,これを **double-capture slip** ないし **strong-but-wrong**(2重に囚われたスリップ)と呼んでいる。つまり「日頃の経験で最も習慣化している行動は無意識に発動する」ので「強い(strong)」が,自分が本来志向していた行動意図からみるとそれが「悪い(wrong)」という意味である。

表3.6 代表的なスリップの形式

エラーの形式	意 味
2重に囚われたスリップ (double-capture slip ないし strong-but-wrong)	行動の行き先が二つに分岐する箇所で日頃の習慣で選ぶ道が勝って本来の意図とは外れた道筋をとってしまうこと
中断によるし忘れ (omission associated with interruption)	外的な妨害によってやっていたことを中断した後に,することを忘れてしまうこと
実行の意図の減退 (reduced intentionality)	実行意図の構成と実際の行動開始の間に時間の空きがあると,実行意図を絶えず喚起していないと他に生じた必要性で別のことをやってしまうこと
複数の脇道 (multiple sidestep)	別々のことを並行的に実行していると両方を混同した行動をしてしまうこと
知覚の混乱 (perceptual confusion)	認知負荷を省くためにスキーマがよく似た対象,位置,タスクの方に混同してしまうこと
干渉エラー (interference error)	二つの行動プランが走っているときにそれぞれが制御の取りあいで不調和な行動になってしまうこと

(2) 問題解決における過誤 意識的チェックにより問題発生が検出された後は,図3.5のOK？= noの下部の流れ図に移行する。この場合,比較的小幅の変動で運転員が運転員があらかじめ持っている対応知識で楽に対応できるものから,そうはいかずに一からプラントの機能や構造の理論的知識に立ち返って戦略を立てる必要のある場合もある。

しかし，人の特性として労力のいる計算や最適化の探索よりも楽なパタンマッチングを優先する性行から，まずはルールベース行動に訴え，労力軽減型のパタンマッチングとルール適用の手順ではうまくいかないときになって始めて抽象的な知識ベースのモードに移行する。ルールベース行動で人間の行う基本的な問題解決は，過去の経験記憶をもとにした**類似性による照合**（similarity matching）か**頻度による賭け**（frequency gambling）である。この行動は，外界情報が引き金となって下位レベルのプロセッサであるスキーマ，フレーム，スクリプトを自動起動するが，その際の知識構造にデータが欠落していても無意識に**暗黙値**（default 値）を埋め込む，という認知情報処理である。こ

表3.7 ラスムッセンの運転員モデルでの特性[46]

項　目	スキルベース行動	ルールベース行動	知識ベース行動
行動タイプ	ルーチン行動	問題解決行動	
	なじみのある状況 滑らかで労力がかからない		なじみのない新規な状況 遅くて断続的
入力となる情報	連続的な signal として使用	活動プランを変更ないし活性化される sign として使用	メンタルモデルを駆使する symbol として使用
注意の焦点	目下のタスク以外のもの	関与している問題に向いている	
制御のモード	主として並列的な自動処理 （スキーマ）　　　　（内蔵ルール）		資源制約的で意識的な直列処理
エラータイプの予測性	たいてい予測可能，強い習慣性の侵入による strong-but-wrong エラー （行為）　　　　　（ルール）		変動的，初心者のエラー
ストレスに対する感度	低い	中程度	高い
エラー発生の潜在的機会数と実際の生起回数との比	実際の生起回数の絶対数は高いが，エラーの潜在的機会数との比は小さい		絶対数は小さいが，比で見ると大きい
状況要因の影響	低いか中程度 内在的要因（以前の使用頻度）が支配的		外的要因が支配的
エラー生起の引金となる外界の変化との関連性	外界変化に関する知識が適切なタイミングで活性化されない	想定される外界変化がいつどのように起こるかの知識が欠如している	外界変化に関する知識がないか，想定していない
検出の容易さ	たいてい迅速かつ効率的に検出		困難 外からの介入によって検出されることが多い

のような局面ではつぎに述べるように多種多様のエラー形態が発生し得る。

（3）三つの行動モードの特性　GEMSでは以上のようにラスムッセンの運転員モデルの三つのエラー形式を，スキルベース行動でのスリップ，ルールベース行動と知識ベース行動のミステークに分類しているが，それらの特性は，**表3.7**のようにまとめることができる。また，それぞれの段階のエラー形式要因を，**表3.8**に示す。この表3.8でbounded rationality（**限定合理性**）とは問題解決過程での時間プレッシャーのため本来はその状況では正しくないデータが思い込みや過去の経験などで無意識に知識構造に埋め込まれ，結果として誤った判断をしている，という人の思考におけるバイアスのことである。

表3.8　それぞれの段階のエラー形成要因[46]

行動モード	エラー形成要因
スキルベース	・新しさと以前の使用頻度 ・環境的制御信号 ・スキーマの共存する性質 ・同時進行するプラン
ルールベース	・マインドセット ・手近さ（availability） ・マッチングバイアス ・自信過剰 ・簡略化過剰
知識ベース	・選択性（bounded rationality） ・ワーキングメモリ過負荷（bounded rationality） ・視野の外，うわの空（bounded rationality） ・Thematic "vagabondings" vs. "encysting"（bounded rationality） ・メモリ内の手掛かり／類推による推理 ・マッチングバイアス ・不完全，不十分なメンタルモデル

3.2.5　認知的ヒューマンエラー分析の構図

ヒューマンエラーには，①エラーの原因，②エラーを犯す人の行為を事象としてとらえる，③観察できる失敗という形での行為の結果に注目するの三つの側面がある。これは時間的な因果関係からみたものだが，特に人間の行為をその結果からみると，正しく実行された行為とそうでない行為とに分けられ

3.2 インタフェースでのヒューマンエラー　71

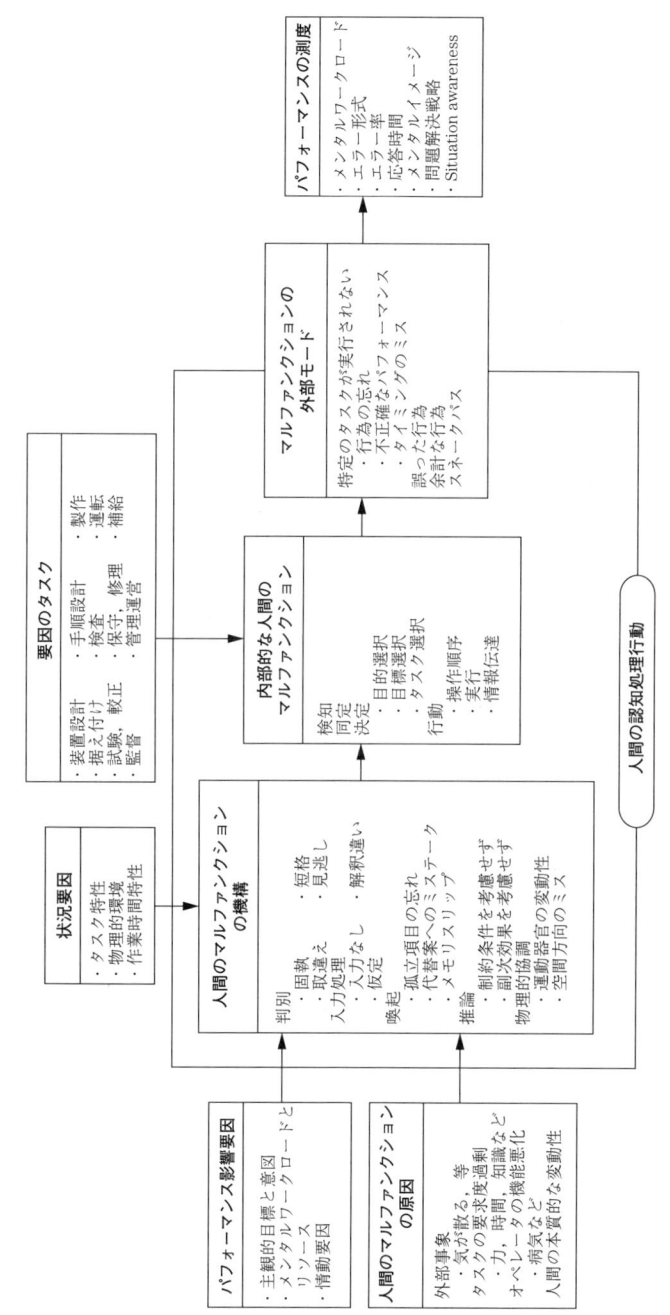

状況要因
- タスク特性
- 物理的環境
- 作業時間特性

要因のタスク
- 装置設計
- 据え付け
- 試験，較正
- 監督
- 手順設計
- 検査
- 保守，修理
- 管理運営
- 製作
- 運転
- 補給

内部的な人間のマルファンクション
- 検知
- 同定
- 判定：目的選択／目標選択／タスク選択
- 行動：順序／操作／実行／情報伝達

マルファンクションの外部モード
- 特定のタスクが実行されない
- 行為の忘れ
- 不正確なパフォーマンス
- タイミングのミス
- 誤った行為
- 余計な行為
- スネークパス

パフォーマンスの測度
- メンタルワークロード
- エラー形式
- エラー率
- 応答時間
- メンタルイメージ
- 問題解決戦略
- Situation awareness

人間のマルファンクションの機構
- 判別：固執／取違え／入力処理なし／仮定
- 喚起：短絡／見逃し／解釈違い
- 入力処理なし
- 代替案へのミスマーク
- メモリスリップ
- 推論：孤立項目の忘れ／制約条件を考慮せず／副次効果を考慮せず
- 物理的協調
- 運動器官の変動性
- 空間方向のミス

パフォーマンス影響要因
- 主観的目標と意図
- メンタルワークロード
- リソース
- 情動要因

人間のマルファンクションの原因
- 外部事象
- 気が散る，等
- タスクの要求過剰
- 力，時間，知識の不足
- オペレータの機能悪化
- 病気など
- 人間の本質的な変動性

人間の認知処理行動

図 3.6 認知的ヒューマンエラー分析の構図[23]

る。そして後者の行為は時間的に正しくない実行結果がただちに顕在するかあるいは潜在化するかで，さらに①エラーが検出されて回復された行為，②エラーが検出されても許容される行為，③エラーが検出されて回復されない行為，④エラーが検出されない行為，に分けられる。

以上のような目にみえる結果として認知的エラーをもたらす人の内面的な認知行動とそれに与える影響要因に着目してヒューマンエラー分析の構図を，図3.6に示す。これはラスムッセンの提起した図式[23]に人のパフォーマンスを計測し分析する測度を付加したものである。図3.6には顕在化したエラーの表面形態，内面の認知処理段階でのマルファンクションの各種の機構，それらに影響を及ぼす諸要因（タスク，状況，個人的・職務上の条件）を整理するとともに，インタフェースでの人のパフォーマンス評価でよく用いられる代表的な人的要因の指標を示した。

3.3 ヒューマンモデル―人の認知行動モデル

インタフェースでの認知行動のモデル化を**ヒューマンモデル**（human model）と呼ぶことにする。その基本的枠組の前提は，つぎの二つである。

① 認知心理学の理論をもとに人の正しいパフォーマンスばかりでなく，犯し得るヒューマンエラー形式の予測も可能なこと。
② AIによってコンピュータシミュレーションに展開し得る枠組みであること。

最近のヒューマンインタフェース研究は，インタフェースでの人の認知行動をコンピュータで模擬できるようになった。本節では，ヒューマンモデルを構成し，コンピュータシミュレーションとして実装するため基礎知識と方法，その応用を述べる。

3.3.1 ヒューマンモデルの基本枠組み[37]

まず，ヒューマンモデル構成の基礎となる人の認知処理の模式図を**図3.7**に

3.3 ヒューマンモデル

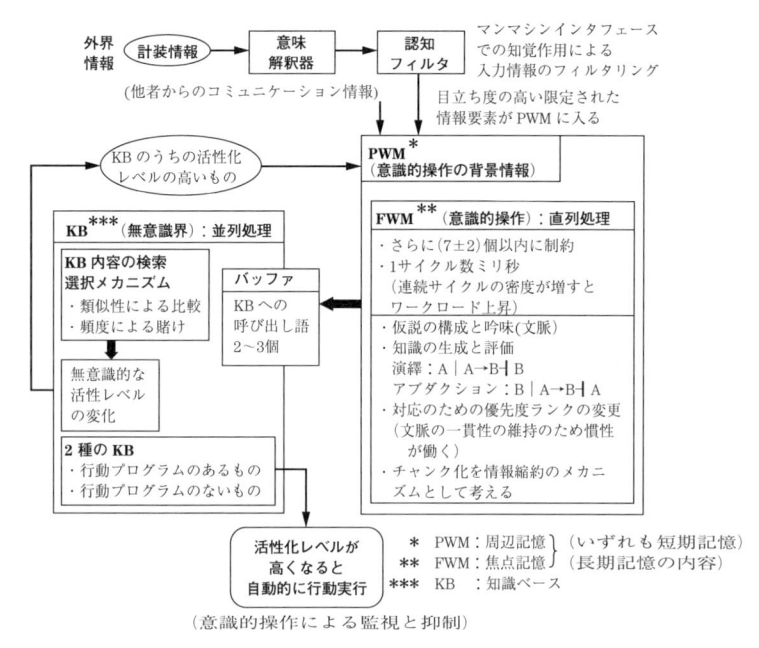

図 3.7 ヒューマンモデル（インタフェースでの認知行動モデル）の枠組み[37]

示す。

図 3.7 の背景知識を図中のおもなキーワードを中心に箇条書きで以下に説明する。

① **意味解釈器**（semantic interpretor）とは，インタフェースでの提示情報は，本来数値など定量化された情報であるが，これを定性的な意味情報に変換する機能を言う。

② **認知フィルタ**（cognitive filter）とは，意味解釈器が変換した意味情報の中から，「注意を惹く」（「目立ち度」の高い）情報だけを選択する。

③ 人の記憶には作業記憶と長期記憶の 2 種があるが，作業記憶をさらに**周辺記憶**（peripheral working memory；PWM）と**焦点記憶**（focal working memory；FWM）の 2 種に分ける。FWM の容量はマジカルナンバーの 7±2 個の制約があるが，「構造化」（チャンク化）して覚えることにより，記憶量を増やすことができる。一方，長期記憶は意味情報を無限に

蓄えられる**知識ベース**（knowledge base；KB）の膨大な宝庫である。

④ 以上の記憶システムを駆動する機構として，知識単位の「活性化」という概念を導入する。FWM での処理には「目的」に関する性格が与えられる。これを「特定活性化器」と言い，目的に対応する「呼び出し語」がバッファに切り落とされると，長期記憶から呼び出し語と類似性が高い知識単位が活性化される。一方，長期記憶内の KB の，方向性のない活性化機構に「一般活性化器」がある。例えば，過去に何度も用いた知識単位は，自然に活性レベルが高まる。すなわち，バッファを介する長期記憶からの知識の検索は，**類似性による照合**（similarity matching）と**頻度による賭け**（frequency gambling）とで無意識に行われる。

⑤ 長期記憶内には，行動プログラムのある KB と，行動プログラムのない KB，の 2 種がある。行動プログラムのある KB の活性レベルが高まると自動的に実行され，運動が出力される。

⑥ FWM では，意識に上ってきた知識単位と知覚作用で外界から入手した情報とを用いて認知行動（問題解決のための推論や仮説検定，文脈維持のための監視などの思考行動）が直列的，意識的に行われるが，容量の制約のために労力がかかる。

⑦ 思考による知識の生成と評価に，演繹とアブダクションを組み合わせて用いる。演繹は「A ならば B である」が真のとき命題 A が真ならば，命題 B は真である，という三段論法であり，一方，アブダクションは，命題 B と「A ならば B である」が真のとき，命題 A が成立するのではないか，と推理することを意味する。

3.3.2 工学的応用へのヒューマンモデルの構成要素[38]

3.3.1 項のヒューマンモデルは概念的枠組みであり，工学的目的に活用するには，実際に計算機上で「動かせる」モデルにする必要がある。そのようなモデルを構成するための要素は，**図 3.8** に示すように**プロセスモデル**，**知識モデル**，**制御モデル**の 3 要素に整理される。

3.3 ヒューマンモデル 75

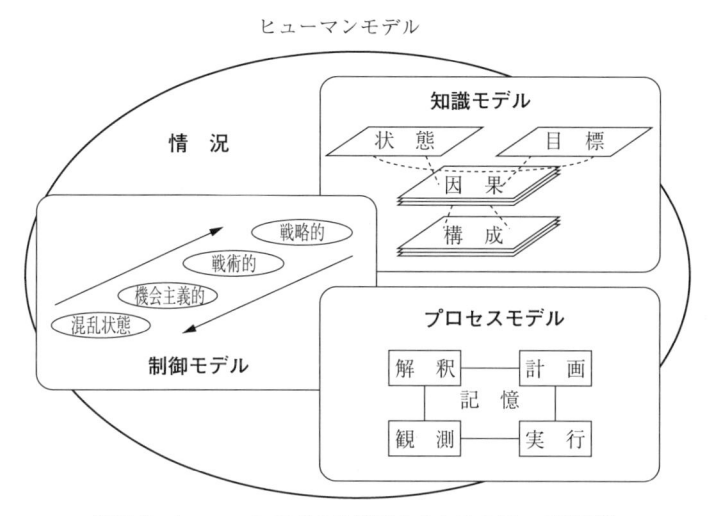

図3.8 ヒューマンモデルを構成するための三つの要素[38]

以下にこれら3要素について述べる。

（1） プロセスモデル　人間の情報処理システムはモジュール化され，それぞれの基本的な情報処理モジュールが，ある程度独立に動作することが実験心理学，大脳生理学，臨床事例から示唆されている。プロセスモデルはそのような基本的情報処理段階に関するモデルである。プロセスモデルでどのような基本的情報処理段階を仮定するかによって，さまざまなモデル化が可能であるが，2.3.5項で紹介したラスムッセンの多段梯子型モデルを参考にして，必要最小限の要素として，**観測，解釈，計画，実行，記憶**の五つの構成要素が挙げられる。以下，これらの要素について個々に説明する。

① 観測：観測とは，環境中に存在する対象の重要な属性を，選択的に知覚するプロセスである。知覚情報の定性的解釈や低レベルの意味付け，評価もここに分類され，3.1.4項で述べたようなラスムッセンの分類でいうsignとしての状況認識までがここに含まれる。

② 解釈：解釈とは，対象システムの診断や状態の同定，評価，システム挙動の理解や予測を行うプロセスであり，知覚した情報に対して観測よりも高次レベルの意味付けや評価を行う。この解釈プロセスで行われる具体的

な処理には，類似性照合，頻度による賭け，地形的探索，徴候的探索，仮説検定などの多様なものが含まれる。

③ 計画：計画とは，行動目標を提起し，その目標を達成するための行為系列，すなわち手順を生成するプロセスである。この中には，行動のテンプレートを長期記憶から想起するだけのルールベースの計画と，手段目標解析によって要素的行為から手順を練り上げる知識ベースの計画，さらに両ベースの組合せがある。

④ 実行：実行とは，計画された手順を1ステップずつ実行していくもので，その結果として操作，観測，コミュニケーションなどの行為が実行される。実行結果が期待される効果を生んでいるかどうかをモニタする行為も含まれる。

⑤ 記憶：短期記憶における情報の保持と想起，長期記憶からの知識単位の想起がこのプロセスに該当する。

（2） **知識モデル**　知識モデルは，人間情報処理モデルが処理する情報の意味内容や形式に関するモデルである。計算機上で動くモデルを開発する場合に，ルール，グラフ，論理式などどのような表現形式で知識を表現するかは重要であるが，それ以前に，人が対象システムをどのようにとらえているか，思考，行動，コミュニケーションにおいてどのような語彙，概念，関係を扱うのかを規定しておく必要がある。そのような知識の概念構造を表すのが知識モデルである。

知識とプロセスの対応関係は多様である。特定の内容・形式の知識はそれを処理するプロセスのタイプと1対1に対応しないので，知識モデルをプロセスモデルと区別して考えることは重要である。もちろん，あるプロセスにはそれに適した知識の内容・形式があり，逆にある知識のタイプにはそれが一般的に使われるプロセスがある。例えばシステムの振る舞いの因果関係に関する知識は，システムの振る舞いの予測に使えることはもちろん観測徴候からの異常診断にも，また所定の目標を達成する手順の導出にも用いることができる。

さてプロセス制御を例に考える。プロセスプラントの運転員がシステムと自

表3.9 プロセス制御の場合の知識モデル構成[38]

知識空間の種類	意 味	説 明
構成空間	システムを構成する物理的実体の形状，接続，配置，静的属性などを人の思惑とは独立に記述する領域	システムの全体―部分関係の記述では，全システム，系統，機器，集合部品，部品と階層的に表現
因果空間	システムの振る舞いの物理的機序を記述する領域	システム動特性を規定する位置，速度，温度などの動的変量の間に成立する相関関係，因果関係，定性的・定量的制約
状態空間	システムの観測可能な動的変量が取り得る状態を記述する領域	人の思惑から見て意味のあるシステム状態を規定する徴候の集合で表現いくつかの徴候で規定する特定状態，いくつかの特定状態で規定する一般状態と階層化されている
目標空間	システムの機能やタスクの目標―手段関係を記述する領域	機能とは，意図された目標を達成するためにシステムに造り込まれた振る舞い タスクとは意図された目標を達するための系統だった一連の行為

分のタスクに対して有する知識は，表3.9に示すような構成，因果，状態，目標，の四つの知識空間で構成される知識モデルを考えればよい。

これら四つの異なる知識空間や同一空間内の異なる階層は，互いに関連付けられ認知プロセスが一体として機能する。例えば表3.9でいえば以下のように関連付けられている。

① 因果空間の相関の経路は，それを実現する構成空間のオブジェクト群に対応づけられ，構成空間の知識が因果関係の知識に根拠を与える。

② 目標が達成されたかどうかを判定する条件やタスクの前提条件は状態によって規定され，目標空間と状態空間に密接な関係を与える。

以上のように認知プロセスがある空間・階層から別の空間・階層に自由に移動できるようにすることによって，人の柔軟な思考をモデル化することが可能になる。人の認知システムをとらえる視点は多様であり，システム全体，サブシステム，構成要素，構成部品などの詳細度や，経験と原理といったさまざまに異なる視点が存在する。そのため，知識全体として見た場合に，かなりの冗

長性があり，一つの問題に対して異なるタイプの知識を用いて複数の解答が可能である．このような冗長性が人の優れた問題解決能力の源泉であり，人は多少想定外の状況に遭遇しても機械のように突然無力化することはないロバスト性をもたらしている．

（3）**制御モデル**　制御モデルは，さまざまな認知プロセスが実行される順序を決定し，人の認知作用を統合するためのモデルである．一方，プロセスモデルは元来認知心理実験による研究成果を統合したものであり，刺激入力―反応選択―反応という一方向の流れが暗黙に仮定されている．しかし，実際の人間行動は目標指向型であり，まず目標意識が生じ，それを契機に情報取得活動が行われたり，反応が表出しないまま同じ認知プロセスが反復されることもあり，入力―処理―出力という画一的な流れでとらえることができない．そこ

表 3.10　行動の制御モードと特性[39]

制御モード	戦略的制御	戦術的制御		機会主義的	混乱状態
意　味	全体情況を把握し将来目標を含めて長期的視野にたって行為が選択されている	何らかの計画，手順，規則に従って堅実に行動している状態		情況を理解する時間の不足などで目を引くサインや経験的なヒューリスティックによる行動	パニック状態の人の行動で，行き当たりばったりの状態
		意識的	無意識的		
主観的な余裕時間	十分ある	少ないが十分	十分ある	短いか不十分	極めて少ない
情況へのなじみ度	ルーチンないし新規	ルーチンないし重要なタスク	非常になじみがあるかルーチン的で退屈	ややなじみがあるだけでよくわかっているわけでない	情況が皆目認識されていない
注意のレベル	中―高	中―高	低	高	注意過剰
目標の数	数個	1，2個が競合	1，2個が競合	数個に限定	1個
つぎの行為の選択	予測ベース	立案ベース	ルーチンの立案ベース	連想ベース	ランダム
パフォーマンス	洗練されている	正常で詳細にわたる	正常だがおざなり	いきあたりばったり	情況が皆目認識されていない

でホルナゲル（Hollnagel, E.）は**表3.10**に示すような四つの制御モード（**戦略的制御，戦術的制御，機会主義的，混乱状態**）を提起し，**表3.11**に示す人の行動モードを制御する六つのパラメータを挙げている[39]。

制御モデルでは，表3.11に示したような**制御パラメータ**の変化がどのように表3.10中の制御モードを引き起こすかを記述すればよい．例えば，主観的利用時間が増加すれば戦略的モードに移行し，減少すれば機会主義的な方向に遷移する．また，主観的利用時間が急激に減少する事態ではどのようなモードでも混乱状態に陥る可能性がある．

表3.11 人の行動モードを制御する六つのパラメータ[39]

番号	制御パラメータ
1	直前の行為の結果
2	主観的利用可能時間
3	同時目標数
4	計画の利用可能性
5	事象の地平
6	実行モード

3.3.3　ヒューマンモデルのコンピュータへの実装法[38]

人工知能の種々の方法を用いて，ヒューマンモデルを実際にコンピュータに実装する技法を説明する．

（1）　観測と状態認識　　インタフェースでの提示情報を人がどのように知覚し，情況を認識するかを，それぞれのモデルの局面に分けて説明する．

ディスプレイへの**プラントパラメータ**（plant parameter）の表示など，定量的時空間パターンとして情報が人に与えられる．スキルベース行動では信号として感覚的に認識され，信号の定量的時空間パタンに応じて行動が直接調整される．このようなスキルベース行動の特性は伝達関数の形でモデル化し，いわば人をディジタル制御器として実装すればよい．

一方，ルールベース，知識ベースの行動では提示された定量的時空間パタン

が定性的情報である符号や記号として解釈され，さらに記号推論に結びつける．以下，この場合の観測と状態認識のモデル化を述べる．

① ファジィ関数によるモデル化：このような定量的情報から定性的情報への解釈の最も簡単な実装法は，いくつかのしきい値を決めて知覚された定量値を分類する方法である．そのしきい値はモデル化の対象者へのインタビューなどで抽出できる．しかし，人特有の定性的な判断を適切にモデル化するには，図 3.9 に示すように観測情報の**ファジィ集合**（fuzzy set）を用いて定性的なことばとして分類する方法がある．この方法では人の知覚の範囲を表す境界値から図 (a) のような帰属度関数を作り，知覚された定量値の帰属度が 0.5 を超えるファジィ集合のクラスに分類する．このとき得られる帰属度の値は観測値への確信度として扱うことができる．一方，例えば温度変化のようなパラメータの時間変化をファジィに判断する場合には，実際のパラメータの値を連続的に読み込んで初期値との差を求め，図 (b) に示す帰属度関数で分類し，「増加」あるいは「減少」に分類されたら観測を終了する．またそのパラメータの変化の時定数に応じて観測時間の上限を決めておき，その時間まで観測しても「一定」に分類され

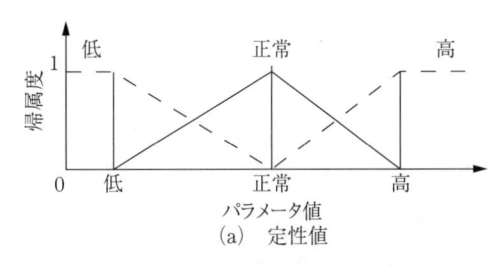

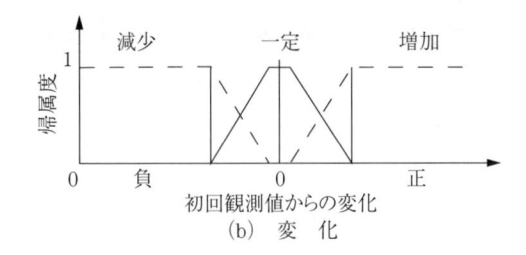

図 3.9 観測情報の定性的解釈のための帰属度関数[38]

る場合のみ，「一定」とする。

② 状態の同定：つぎにこのような観測したパラメータの定性的判断結果をもとに，システムの状態を同定するプロセスの実装法を述べる。このプロセスは類似性照合による仮説生成と仮説検証によって行われる。ここで仮説とは，システムの状態とその時に観測されるはずの徴候のパターンの組である。定性的解釈が終わりヒューマンモデルの作業記憶に記録された観測と，このような仮説徴候パターンとの一致度を類似度という指標によって表す。徴候には仮説検証のために重要なものと，あまり重要でないものとがあるので，類似度を評価する際には徴候ごとに重み付けが必要である。そこで，仮説徴候パターンを「仮説名（システム状態分類），徴候，重み」の三つ組データの集合で表す。なお，このような仮説徴候パターンは実験やモデル対象者へのインタビューで抽出してあらかじめ知識ベースを構築しておく。

③ 仮説の確信度：ついで観測の確信度から徴候パターンの類似度を評価するために，まず徴候の重みと確信度の積和を次式で計算する。

$$\phi = \sum_i w_i c_i \tag{3.1}$$

ここで w_i, c_i はそれぞれ観測済みの徴候 i の重みとその徴候に対する確信度である。この ϕ を以下のようにシグモイド関数で区間 $[0, 1]$ に規格化した値 S をその仮説徴候パターンと現在の観測との類似度と定義する。

$$S = \frac{1}{1 + e^{-(a\phi + b)}} \tag{3.2}$$

ここで a と b はモデルパラメータである。

以上の方法は最も単純化されたベイズ確率による計算法であるが，こうして計算された類似度を仮説の成立性に対する確信度として，あるしきい値を超える仮説のみを考慮の対象として作業記憶に記録する。

なお，このような経験的知識に基づく類似度照合以外に，対象システム

の振る舞いを記述する数学モデルを立てておき，これを用いて状態同定するモデルベース推論がある。

④　仮説の検証：以上の方法で仮説の確信度が十分に高くない場合や，確信度の高い仮説が一つに絞りきれない場合に，まだ観測していない徴候を調べて仮説を検証する。新しい徴候が観測されて作業記憶に現れたら，仮説の確信度を再計算する。このような仮説検証の過程を経て，確信度がある一定基準を満たすようになると，その仮説への確信が強くなって，「こうではないかな」と考える仮説から，「これに相違ない」という信念に転化したこととするわけである。

（2）　**制御モデルの実装法**　　制御モデルの実装では制御モードに従って推論戦略を柔軟に変更できるとともに，さまざまな個性を持った人の振る舞いを模擬できる手法が望ましい。このような個性を持たせた認知行動シミュレーションの制御方式として，推論戦略を柔軟に変更できる黒板制御モデルを取り上げる。

①　黒板システムの構成と実行手順：黒板制御モデルを用いたシステムの構成を**図 3.10** に示す。

　　黒板制御で中心的役割を果たすのは，システム全体で共有される黒板と呼ばれる一種のデータベースである。黒板システムはこの黒板を中心にさまざまな種類の問題解決モジュールから構成されている。おのおのの問題

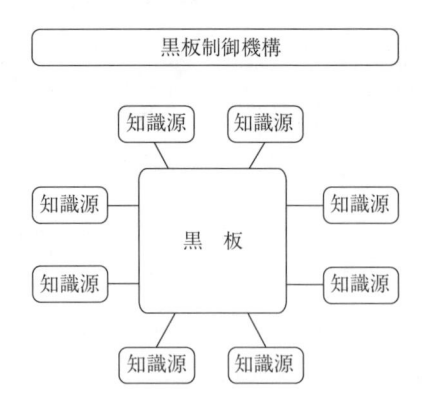

図 3.10　黒板制御モデルを用いたシステムの構成

解決モジュールは特定の部分問題の解決に必要な知識と推論機構を組み合わせたもので，**知識源**（knowledge base）と呼ばれる．黒板は構造を持たないフラットなものにすることも，領域特有の構造を反映することもできるが，すべての知識源から参照，書き込みが可能で，また黒板に記録されたどの情報に反応するかは個々の知識源に任されている．したがって，多くの知識源を用いて**ボトムアップな問題解決，トップダウンな問題解決**，あるいはその両者を組み合わせた**協調的問題解決**を実現することができる．黒板システム実行の制御では，**表 3.12** に示すような手順に従って適切な知識源の実行制御手順が行われる．

表 3.12 黒板システム実行の制御手順[38]

順序	実行内容	説明
1	知識源の黒板監視とタスクの申告	すべての知識源は黒板上で起こる変化を監視し，黒板上に自分が解ける問題が出現したら制御機構に対し，その問題解決タスクを申告する
2	制御機構によるアジェンダ生成	制御機構はすべての知識源から申告されたタスクの一覧（アジェンダ）を作る
3	実行優先度の設定	おのおののタスクの実行優先度を定められた基準に従って評価する
4	実行優先度に従ったタスク選択実行	アジェンダから実行優先度が最高のタスクを選択して実行する．実行に失敗した場合にはつぎに優先度の高いタスクの実行を順次試みる
5	アジェンダ消化のチェック	1～4 をアジェンダが空になるまで繰り返す

② 黒板システムによる認知行動シミュレーションの制御：認知行動シミュレーションは，プロセスモデルの各構成要素を知識源とする黒板モデルとして実装することができる．作業記憶が黒板，注意の機能が黒板制御機構で模擬され，全体として認知資源の制約のもとに意識的に行われる認知タスクのシミュレーションを行う．認知資源の配分は認知タスクの優先度に反映されるが，その優先度は表 3.11 に示した行動制御パラメータや，入力情報そのもののもつ**新奇性**や**誘目度**（いわゆる目立ち度）によって決定すればよい．また，黒板の状況に応じて優先度の評価基準を変更するよう

な知識源を含めるようにすれば，問題解決の状況に依存した動的な制御も可能である。

　人にはさまざまな性格があり，そのような人の個性をモデル化する方法として，ウッズ（Woods, D. D.）らの**認知環境シミュレーション**（cognitive environment simulation ; CES）では，優先度の評価基準を変更することによって，放浪型，ハムレット型，袋小路型，探偵型，専門家型などのさまざまな思考傾向を持つ人をモデル化している[40]。例えば，新しく発見した事象に関する認知タスクを優先しすぎるようにすれば，思考の焦点が定まらない放浪型となり，事象の解釈・説明の認知タスクを優先しすぎるようにすれば，慎重で行動に時間がかかりすぎるハムレット型となる。このように制御モデルを調整することによって人の思考の癖やバイアスをモデル化し，そこから発生するヒューマンエラーをモデル化することもできる。

（3）　解釈・計画の実装法　　ここでは認知タスクの中でも解釈や計画に関わるプロセスのさまざまな推論の実装法を述べる。

① 　プロダクションルールと限界：推論の実装には，if-then 型の**プロダクションルール**（production rule）の適用が最も簡単である。例えば，同定されたシステム状態に対して行動目標を提示するプロセスでは，（条件部）状態 → 行動目標（結論部）のようなルールを適用して，条件部の状態が作業記憶に現れたら結論部の行動目標を作業記憶に書き込むようにすればよい。知識ベースに格納する知識はすべてこのようなルールの形に表現しておく必要はなく，グラフなどで表現された知識は想起する時点でルールにコンパイルして使えばよい。労力さえ厭わなければたいていの推論はこのようなプロダクションルールの組合せで実現できるので既成のエキスパートシェルで認知システムを構成することもできる。しかし，モデルベースの深い推論や非単調推論はこのようなプロダクションだけで実装するにはかなりの工夫を要し，また後々の変更やメンテナンスも大変である。こうした高次推論にはそれ専用のエンジンを開発したほうが得策であ

ろう。

② モデルベースの推論：想定外の状況に対処するような知識ベース行動では，対象システムの原理原則に遡って深く考える思考が求められる。このようなモデルベース推論の実装法として**多層流れモデル** (multilevel flow model；MFM)[41] がある。MFM は対象システムを構成するプロセスの中の各種形態の，物質，エネルギー，そして制御情報の流れに着目し，対象システムの機能と目的，全体構造と部分要素の関連性を図形シンボルにより表現する意味論的なモデルである。いわば，人の思考の概念的メンタルローテーションを容易にする方法である。対象システムを MFM モデルに書き直し，このモデル上で事象の因果関係の連鎖を探索することによって異常原因の同定などを行うことができる。

③ 非単調推論：人は日常，不十分あるいは不確かな情報に基づく推論をせねばならない。そこでは得られる情報から当座の判断をしても，後になって新しい情報が入ると前の判断は取り消して別の結果と取り替えることを頻繁に行っている。このような翻意をシミュレーションするには，非単調推論の技法に信念の真理値管理手法を組み込めばよい[42]。この場合，新しい情報による信念の翻意と状態の時間的変化との区別や，またある命題とその否定命題とを同時に信じる矛盾の回避などの取り扱いが実装上のポイントとなる。

④ ルールベースと知識ベースの計画：計画プロセスには，テンプレートを想起するだけのルールベースの計画と，手段目標解析によって計画を練り上げる知識ベースの計画がある。ルールベースの計画の実装法として，手順書などに規定されている行動のテンプレートを**ペトリネット** (petri net) を用いて表現し，**トークン** (token) の移動によって行為の実行を制御する手法がある。なお，ペトリネットは，プロセスの中で生じる各状態を**プレース** (place)，事象の発生によって生じ得る状態間の遷移を**トランジション** (transition) と名付け，実際のプロセス内で発生する並行的な事象遷移を，事象発生（発火）によってプレース内のトークンが移動し

ていく状況にモデル化する方法である[43]。

一方，知識ベースの行動計画では，AIによるプランニング手法が利用できる。AIプランニングでは，効果，選択条件，前提条件，具体的内容によって定義される作用素を素材に計画を作成するが，達成したい目標を効果に含み，選択条件を満足する作用素を選択して計画に加えていく。さらに満足されていない前提条件があった場合には，その達成を副目標として計画を拡張する。このような再帰的プロセスをすべての前提条件が満足されるまで繰り返す。

(4) **人間・環境相互作用の実装法**　ここでは，ヒューマンモデルをコンピュータに組み込んで**人間と機械の相互作用**（human-machine interaction）をコンピュータシミュレーションで実行する場合の「人と環境との相互作用」の実装法を述べる。

① 伝統的AIの限界：認知行動シミュレーションの基本的枠組みは，プラントなどプロセスシステムのシミュレータと運転員など人のシミュレータを組み合わせて，人間機械系全体のモデルにしたものである。この枠組みの背景には，世界の完全な表象と完全な知識を有する処理系が記号処理を行うことによって，世界に関する理解を獲得できるとする，伝統的AIの考え方がある。これに従うと，人間行動を左右する情況に関する情報や知識はヒューマンモデルの内部で閉じていて，観測が行われてから行動が決定されるまで，認知プロセスは若干の情報交換を除いて外界の環境とはほとんど独立に進行することになる。しかしこのような伝統的AIの考え方では人の認知を理解するうえで限界があり，新たな接近法の必要性が認識されている。

② 外界にある知識：ギブソン（Gibson, J. J.）のように外界にある知識の考え方[27]では，人の認知活動は閉じたものではなく，知覚可能な形で環境中に存在する情況情報や知識を必要に応じて取得，利用すると考えている。人間は情況情報や知識をすべて頭の中に保持するよりも認知的負荷が低く，しかも柔軟な思考を行っている。人の行動では，このような情況情

報，知識の取得，利用によって人と行動環境との間に相互作用が起こり，これが人の認知行動のかなりの部分を決定する．特にヒューマンマシンインタフェースの属性に関する知識は，ほとんどが行動環境から適宜取得されると考えられるので，これらをヒューマンモデルに埋め込んでしまう方法は適切でない．

③ 人間環境相互作用のシミュレーションフレーム：原理的には，情況情報や環境中の知識はプラント側に実装し，これを必要に応じてヒューマンモデルが取りにいくという枠組みが正しい．しかしこれを実装するとなると両モデル間の通信量が膨大になり，また，視界の計算の知覚，運動に関わる低レベルの処理をヒューマンモデルで忠実に行わなければならず，計算量も膨大になってしまう．

そこでこのような問題を避けるために，図 3.11 に示すような人間・環境相互作用を考慮したシミュレーションの枠組みを用いる．すなわち，環境から取得される情報，知識や，人間と環境あるいは人同士の相互作用のモデルをヒューマンモデルからもプラントモデルからも分離し，独立の環境モデルを設ける．図 3.11 の環境モデルではヒューマンマシンインタフェースなど，外的環境の物理的，認知的モデルを保持し，また環境相互作用サブモジュールでは視線方向，視界，探索行動，移動経路などや，行動にかかる時間の計算と評価を行う．このようにすれば三つのモデル間で交換

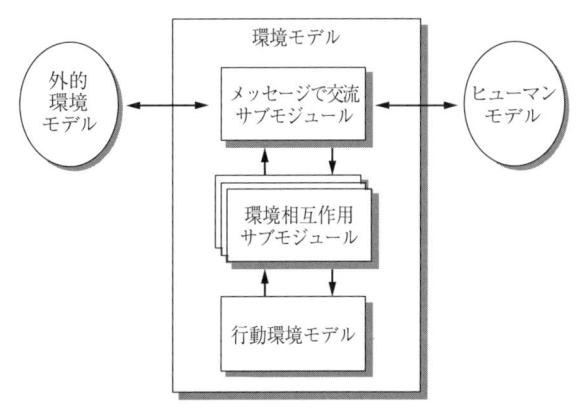

図 3.11　人間・環境相互作用を考慮したシミュレーションの枠組み[38]

されるのは高次レベルの情報に限られるので，ヒューマンモデルやモデル間通信を過度に複雑化することなく，人間環境相互作用を考慮できる。

3.3.4 ヒューマンモデルの工学的応用

3.3.3項では，ヒューマンモデルのコンピュータへの実装法について概観した。その中では2章に述べた人の記憶システムの表現や思考プロセスのモデル化のために人工知能の方法が用いられている。本項ではこのようなヒューマンモデルの実際の応用事例として，人間機械系のシミュレーションに応用した事例を紹介する。

（1）**人間機械系シミュレーションシステムの構成**　Safety-criticalなシステムのヒューマンインタフェース設計では，機械システムを操作する制御室や制御盤（プラントなど），運転席・コックピット（電車，自動車，航空機）などのハードウェアと，それを操作するための運転手順，マニュアルなどのソフトウェアの二つが安全性のうえで直接対象となる。人の操作と機械システムの動作の相乗作用によって，機械システムのトラブルの拡大波及・事故発生に至らないように，人のミスを未然防止し，人のミスに耐性のあるシステムにするため，ヒューマンモデルを用いて人的作業のワークロードの適切さ，インタフェースの認知的不調和の可能性を多角的に事前検討し，うっかりミスの防止，認知負荷の軽減，判断ミスの防止などに役立てることが期待される。

そのような目的で原子力発電所中央制御室のマンマシンシステム（MMS）設計評価用に開発された**SEAMAIDシステム**の構成を図3.12に示す[44]。全体システムは，オンライン系のMMS相互作用シミュレーション部と，オフライン系のMMI（マンマシンインタフェース）評価分析部の二つに大別される。MMS相互作用シミュレーション部は，プラントシミュレータ，MMIシミュレータおよび運転員シミュレータを連携する実時間シミュレーションにより人と機械システムの動的相互作用を模擬する。プラントシミュレータは，機械システムの動的振舞いを記述するもので，詳細な動的変動を考慮する場合は工学シミュレータが必要である。MMIシミュレータは，実際のハードウェア

3.3 ヒューマンモデル　　89

としての MMI の構成，機能，表示の動的変化を知識工学を用いて抽象化し，モデル化したシミュレータである．運転員シミュレータは，MMI での運転員

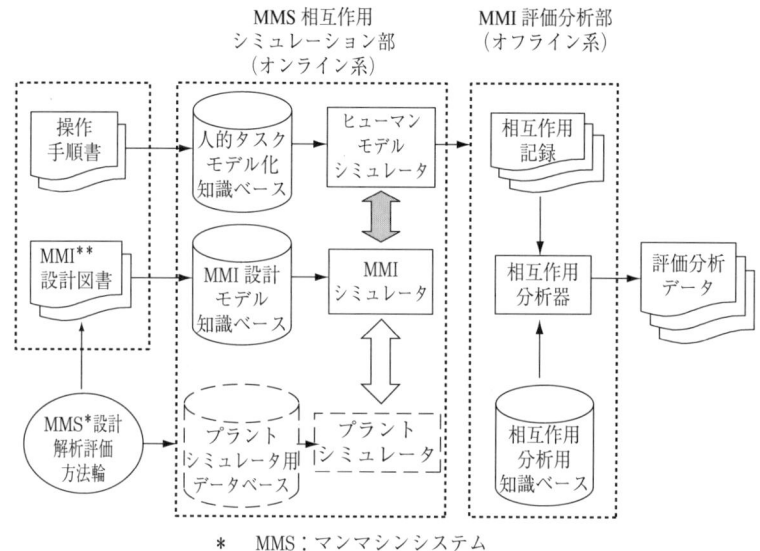

図 3.12 SEAMAID システムの構成[44]

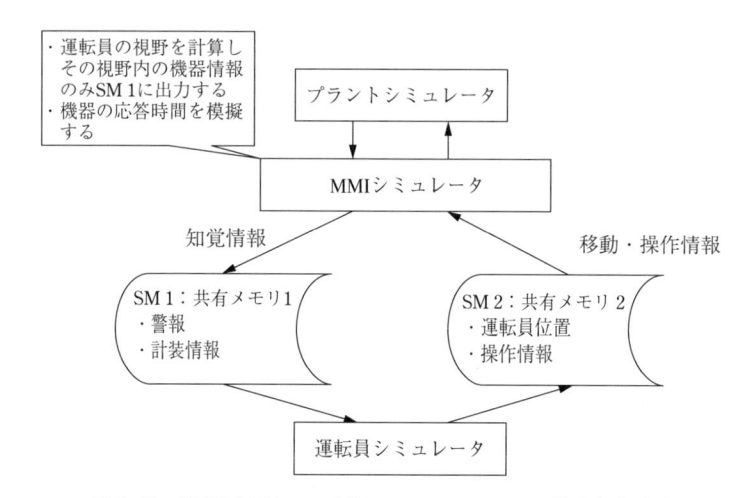

* MMS：マンマシンシステム
** MMI：マンマシンインタフェース

図 3.13 SEAMAID での分散シミュレーションの構成方法[44]

の監視・制御・保守行動をコンピュータモデル化するものである。MMI 評価分析部は，オンライン系の MMS 相互作用シミュレーション部で得られた結果を用いて，運転員のワークロードや認知行動特性，人的ミスの可能性などインタフェース評価の諸指標を多角的に分析するものである。

（2） **人間・環境相互作用のコンピュータシミュレーション**　MMI シミュレータを中心に SEAMAID での分散シミュレーションの構成方法を図 3.13 に示す。SEAMAID では MMI シミュレータをプラントシミュレータと運転員シミュレータを分離し，MMI シミュレータと運転員シミュレータとは二つの共有メモリで結合することにより，人間環境相互作用のモデル分離を図っている。

（3） **マンマシンインタフェースのモデル化**　物理環境としてのプラント中央制御室のハードウェア諸設備は，図 3.14 に示す段階的なシートアイコン

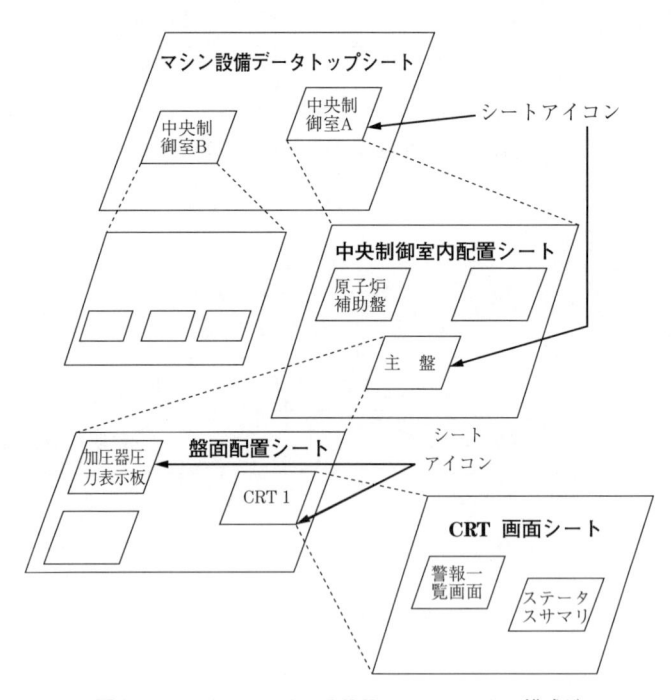

図 3.14　アイコンによる MMI シミュレータの構成[44]

によりMMIシミュレータの構成として表現できる。図3.14では，このようなMMI設備の階層構造をオンライン型オブジェクト指向データベースで表現し，MMIシミュレータを構成している。運転員シミュレータやプラントシミュレータから刻々入ってくる諸パラメータの時間変動は対応する共有メモリに書き込むことで，MMIシミュレータでの対応する計装機器オブジェクトの属性値の時間変化が模擬される。

（4）運転員行動のモデル化　SEAMAIDでの運転員シミュレータのモデルを，図3.7に示したヒューマンモデルの枠組みに対比させて説明すると，図3.15のように示すことができる。すなわち，中央制御室における運転員の内面的な認知情報処理行動の機構を以下のようにモデル化している。

① 制御盤の計装情報は「感覚・知覚」のフィルタを経て取り込まれる。

② 取り込まれた外界情報によって，運転員の「長期記憶（LTM）」に蓄えられた膨大な専門技能，知識情報から関連情報が「想起」メカニズムによ

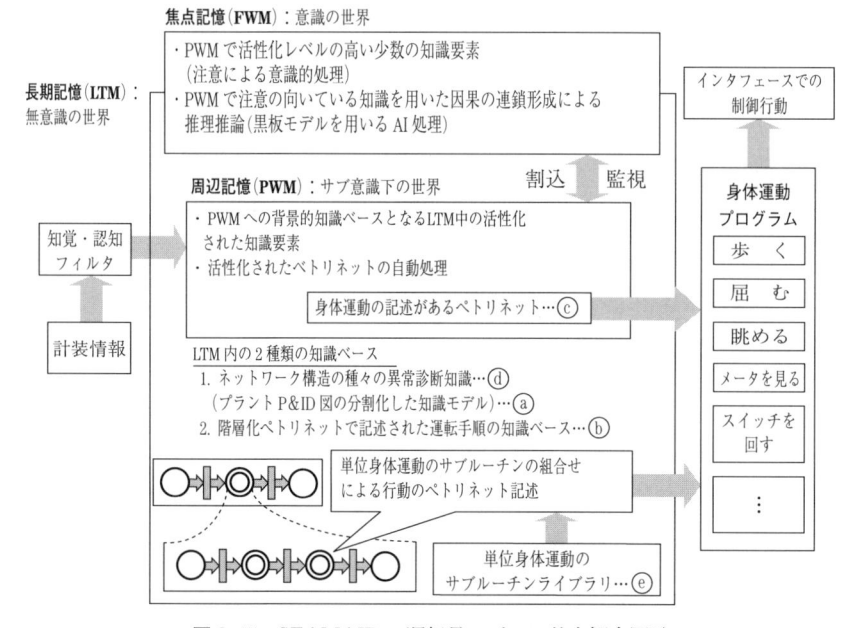

図 3.15 SEAMAID の運転員モデルの基本概念図[44)]

ってハイライト化され意識処理の背景となる「サブ意識」領域（PWM）に励起される。
③ PWM内で活性化された情報のうち「注意の焦点」となる少数の活性化情報を用いて意識世界（FWM）で観察，同定，解釈・評価，意思決定，行動立案を行う。SEAMAIDでは具体的には以下のような方法を用いている。

- LTMに内蔵する知識ベースの形式には，プラントP&IDダイアグラム（ⓐ）（プラントとは，要するに，機器と配管とが複雑に接続されたシステムであり，その要所要所にプラントを監視し，制御するための計装系が組み込まれている。これを線図として表現したものをP&IDダイアグラムと言う）を分割し，ネットワーク構造で表現した知識オブジェクト群（ⓓ）と，プラント運転手順を離散並行事象とみなして階層化したペトリネットでモデル化（ⓑ）の2種がある。
- ペトリネットモデルは，インタフェース場での身体運動を伴うもの（ⓒ）と，認知判断だけで身体運動を伴わないもの（ⓓ），の2種に分けられる。
- 身体運動が伴うものでは具体的なインタフェース場での基本的な身体運動（例えば，歩く，屈む，メータを見る，など）の運動ダイナミクスのプログラムをライブラリ化して共通に使用する（ⓔ）。
- PWM中に活性化されたLTMの2種の知識ベースのうち，ⓑの知識ベースはFWMによる意識的処理の優先度によって選択され，そのペトリネット構造の規定する順序に従って自動処理される。
- FWMでの意識処理のうち，PWM内に活性化された知識ベースのⓓを用いて，外界情報間の因果の連鎖を黒板モデルにより推論している。
- ラスムッセンの三つの行動モードと対比すると，ⓓの知識ベースによる黒板モデルで，運転員の行う知識ベース行動である異常診断行動を模擬し，一方，ⓑのペトリネットモデルにより運転員のルールベースおよびスキルベースの行動を模擬している。

3.3 ヒューマンモデル

(5) バーチャルリアリティを用いた運転員行動の可視化[45] 人間機械系動特性シミュレーションをバーチャルリアリティによって可視化すれば制御室のマンマシンインタフェース設計，運転手順の評価だけでなく運転員の訓練にも用いることができる。SEAMAID を用いてそのようなシミュレーション実験を行ったときのソフトウェアシステム VENUS のソフトウェア構成を図

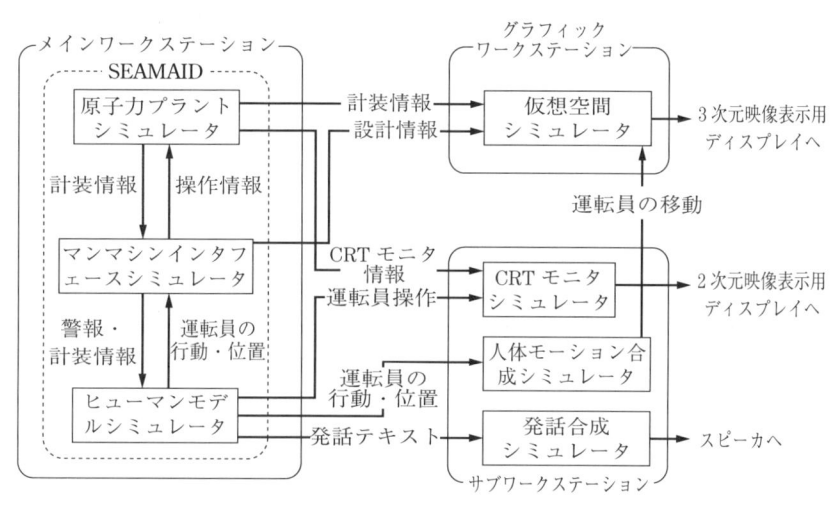

図 3.16 VENUS のソフトウェア構成[45]

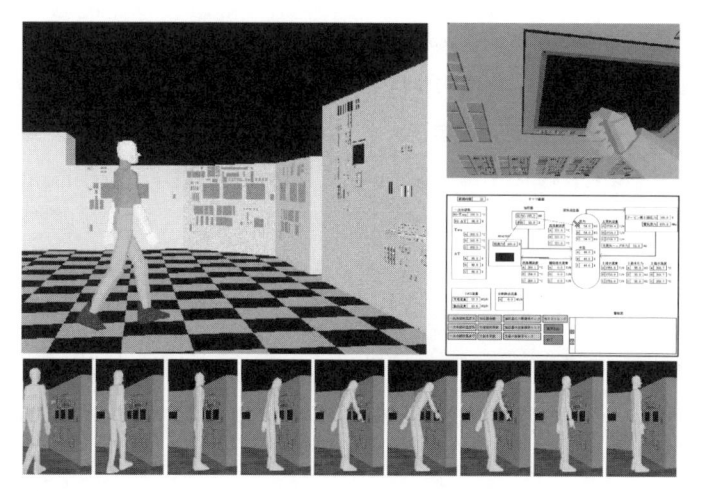

図 3.17 VENUS による仮想運転員の操作状況のシミュレーション[45]

3.16 に示し，その VR シミュレーション結果を図 3.17 に示す．VENUS による仮想制御室内の仮想運転員の操作状況のシミュレーションは

① 制御室の VR 模型
② その制御室内での運転員のプラント異常時の制御盤の操作行動
③ 運転員の異常診断過程を説明する音声発話
④ 仮想運転員の視点になったときの制御室内移動に伴う視野変化
⑤ CRT 画面をチェックするときに視線移動のトレース

の5項目をリアルに提供する．このため，プラント異常時にどのように運転員が操作行動をするか，単に制御室内で運転員が行う操作行動をビデオ録画した教材より詳しく体得できる．

3.4 システム安全から見たヒューマンエラーと防止対策

3.4.1 ヒューマンエラーの三つの見方

これまで人の内面的機構を重視する**認知心理学**（cognitive psychology）の見方からヒューマンエラーを説明してきた．それぞれのタスクにおいて正しいとされるやり方が規定されていて，それに外れた行動を人がする．これをヒューマンエラーとするときに，認知心理学ではなぜそうしたのかを問題にする．一方，このような認知心理学的な見方以外に，人の行動の良し悪しを外面形態だけでとらえる**行動主義心理学**（behaviorism）がある．また人の行動は社会や組織という集団的要因が規定しているとする**組織心理学**（organization psychology）の見方がある．表 3.13 には，そのような三つの見方とそれぞれでのヒューマンエラーの分類語をあわせて示した．行動主義心理学の分類での**オミッション**（omission），**コミッション**（commission）という分類は，ヒューマンエラーそのものを外面行動から見分けるうえで基本的な定義である．組織心理学でのヒューマンエラーは**過誤**（failure）と**違反**（violation）に分類している．過誤とは人間の行う情報処理上のエラーで認知心理学の分類でのスリップ，ラプスとミステークに相当する．一方，違反は行いの動機を問題にして

3.4 システム安全から見たヒューマンエラーと防止対策　　95

表3.13　ヒューマンエラーの三つの見方と応用

	行動主義心理学	認知心理学	組織心理学
力点	人間要素を機械と同様に見る	人間の高次機能の内面機構を重視	集団としての人間行動を重視
ヒューマンエラーの見方	外的な行動をある基準に照らして失敗，成功に分ける	行動の意図形成段階に注目する	行動の動機に注目する
ヒューマンエラーの分類	・オミッション（すべきことをしない） ・コミッション（してはいけないことをする）	・スリップとラプス（意図は正しいが実行に失敗する） ・ミステーク（行動の意図形成段階の誤り）	・過誤（情報処理上の失敗） ・違反（動機が良くない）
インタフェース設計への応用	レイアウト設計への感覚・知覚心理特性の応用	知的支援への認知心理特性の応用	効果的な情報共有形態などの協同作業場の設計

いる。

3.4.2 システム安全から見たヒューマンエラーの分類

　システムの安全管理では人的要因が重要な要素を占めている。リーズン(Reason, J.)はヒューマンエラーとは不安全な行為か否かが問題であり，システム安全から見たヒューマンエラーを**図3.18**のように分類している[46]。

　図3.18で過誤をもたらす条件は，**表3.14**に示すような要因であり，教育訓練を含めてマンマシンインタフェースの改善で対応可能な領域である。

　一方，違反をもたらす条件は，**表3.15**に示すような要因である。これらの動機に関わる要因は，ヒューマンマシンインタフェースの改善では対応できない組織要因が過半を占めている。

3.4.3 ヒューマンエラーの防止法

　ヒューマンエラーを含め一般にシステムの安全対策を考える場合，システムの状態を望ましくない状況に導く前駆事象を事前に予防するための**予防的障壁**(priventive barrier)と，たとえトラブルが発生してもそれが重大な事故へ発

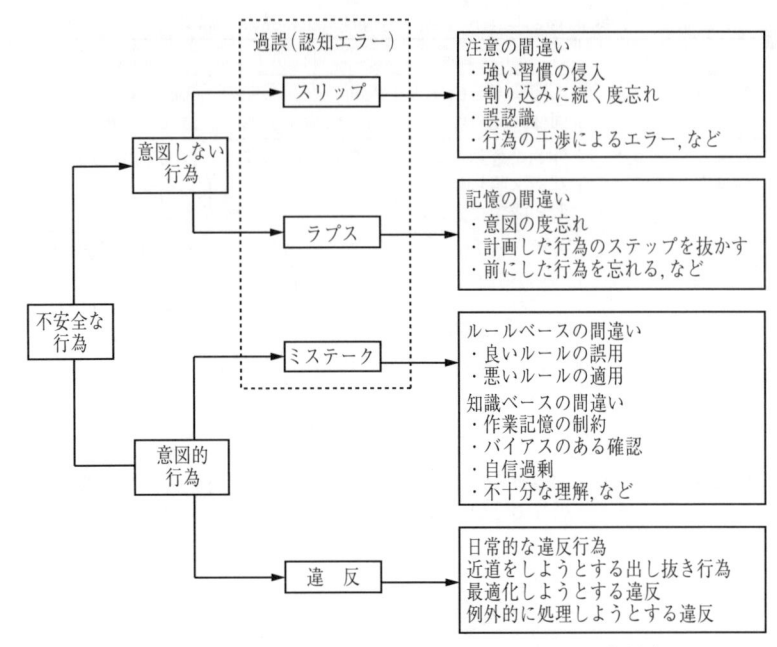

図 3.18 システム安全から見たヒューマンエラーの分類[46]

- 不安全な行為
  - 意図しない行為
    - 過誤（認知エラー）
      - スリップ → 注意の間違い
        - ・強い習慣の侵入
        - ・割り込みに続く度忘れ
        - ・誤認識
        - ・行為の干渉によるエラー，など
      - ラプス → 記憶の間違い
        - ・意図の度忘れ
        - ・計画した行為のステップを抜かす
        - ・前にした行為を忘れる，など
    - ミステーク
      - ルールベースの間違い
        - ・良いルールの誤用
        - ・悪いルールの適用
      - 知識ベースの間違い
        - ・作業記憶の制約
        - ・バイアスのある確認
        - ・自信過剰
        - ・不十分な理解，など
  - 意図的行為
    - 違反
      - 日常的な違反行為
      - 近道をしようとする出し抜き行為
      - 最適化しようとする違反
      - 例外的に処理しようとする違反

表 3.14 過誤をもたらす条件[39]

- ・習熟不足（×17）
- ・時間切迫（×11）
- ・S/N 比小（×10）
- ・貧弱なインタフェース（×8）
- ・設計者とユーザとの不調和（×8）
- ・取り返し，やり直しがきかないこと（×8）
- ・情報過多（×6）
- ・正反対に伝達する（×5）
- ・リスクの過誤（×4）
- ・フィードバックに乏しいこと（×4）
- ・経験不足（×3）
- ・指示，手順の不徹底（×3）
- ・不十分なチェック（×3）
- ・教育上の不調和（×2）
- ・男性的文化／危険なインセンティブ（×2）
- ・睡眠パタンの妨害（×1.6）
- ・単調，退屈（×1.1）

＊ 括弧内の数字は，最悪のケースでの正規過誤率への乗数値

表 3.15 違反をもたらす条件[39]

- ・組織的な安全文化の明白な欠如
- ・労働者と経営者間の敵対的関係
- ・モラルの低下
- ・貧弱な監督とチェック
- ・違反を大目にみる作業グループの規範
- ・リスクの誤認識
- ・管理上の手当と配慮の欠如
- ・労働に対する熱意や誇りに乏しい
- ・悪い結果にはならないという信念
- ・自己尊重が低い
- ・身についたどうしようもなさ
- ・規則を曲げることを許す風土
- ・明確さに欠けるか，明らかに無意味な規則
- ・年齢，性（若者は違反しがち）

＊ 交通事故調査では，過誤より違反の方が事故に結びつきやすい

展するのを防止するための**保護的障壁**（protective barrier），の二つの防護策が考えられる．ホルナゲルはこのような防護策を

① **物理的防壁**（壁，フェンス，安全ベルト，安全帽など）
② **機能的防壁**（ブレーキ，インターロック，パスワード，距離をおいて隔離，など）
③ **シンボル的防壁**（信号，警報，ラベル，指示，手順書，許可証など）
④ **抽象的防壁**（規則，禁止，法律など）

の四つに分類し，これらを効率性，頑健度，導入までの時間，必要な資源量，安全上重要なタスクへの適用性，効果立証の評価のしやすさの観点から**表3.16**のように分類している[47]．

表3.16 システム安全の四つの防壁と特性[47]

	物理的防壁	機能的防壁	シンボル的防壁	抽象的防壁
効率性	高	中―高	低―中	低
頑健度	中―高	中―高	低―中	低
導入までの時間	長	長	中	短
必要な資源量	中―高	中―高	中	低
安全上重要なタスクへの適用性	低	中	低	低
効果立証の評価のしやすさ	容易	中	容易	困難

システム安全対策で，特にヒューマンエラー対策についてはリーズンによる不安全な行為の分類をもとに考えることが重要である．図3.18ではスリップ，ラプス，ミステークのような認知エラーは**過誤**（failure）に一括しており，**違反**（violation）とは区別している．過誤はおもに人の行う情報処理上の問題で，個人レベルで理解可能であり，その対策は，再訓練，作業環境の再設計，記憶の支援，良質な情報提供，知識の向上のようなインタフェースの改善が中心である．一方，違反はおもに行動の動機の問題であり，社会的文脈の中でのみ理解し得る．リーズンは，安全作業の規範に対して，それに違反する行為の及ぼす悪影響を考えてもいないし，予期もしていないでうまく立ち回る行

為が関わることが多いとして，その対策には，態度の変容，信念の変容，規範の変容，士気の変容，文化の改善，つまり**安全文化**（safety culture）を醸成することの重要性を指摘している[48]。

3.4.4 ヒューマンエラー率の推定法

　ヒューマンエラーの起こりやすさが数字（確率値）として見積もられれば，さまざまなヒューマンエラー防止対策の費用対効果が見積もることができる。ここではそのような方法としてスエイン（Swain, A.）らが開発した**ヒューマンエラー率予測技法**（technique for human error rate prediction；**THERP**）を紹介する[49]。THERP は，表 3.13 のヒューマンエラーの三つの見方のうち行動主義心理学に基づく。

　（1）　ヒューマンエラーの定義と分類　　THERP ではヒューマンエラーとは「仕事の正しい手順が定められていてそのとおりにしなかったこと」と定義している。そのような仕事場でのヒューマンエラーを考えてもいろいろ分類の仕方がある。

① 発生原因：エラーの原因をおもに仕事場の状況，設計のあり方に関連させるか，仕事をする人の個人的な特性（能力，性格，など）に関連させるか，二つの見方がある。

② 行為者の意図：意図的に起こしたか，そのつもりではなかったのに起こしたか，の二つがある。

③ エラーの結果：エラーを起こしても修復可能なエラー，修復不可能なエラー，実害はないが潜在的なエラーに分けられる。

　（2）　THERP による推定法　　THERP では大抵のヒューマンエラーの原因は個人の特性よりは，運転手順，装置設計，管理方法に関連するとしている。そしてヒューマンエラーは，行為の外面的形態で**オミッションエラー**（なすべきステップを抜かす），**コミッションエラー**（余計なことをする）の二つに分類する。以下，THERP による**ヒューマンエラー率**の推定法を簡単に紹介する。

① ヒューマンエラー率の定義

THERPではヒューマンエラーの確率（HEP）を次式で与える．

$$\text{HEP} = \frac{\text{ある種のエラーの回数}}{\text{エラーの機会の回数}} \tag{3.3}$$

ヒューマンエラーの確率には三つの分類がある．
- 基準エラー率（孤立要素としての一つのタスクのヒューマンエラー確率）
- 条件つきエラー率（他のタスクの失敗ないし成功を考慮したときの特定タスクのエラー確率）
- 統合エラー率（最終目的達成のために実行される一連のタスクのエラー確率）

THERPを実際の機械システムの運転・保守作業でのタスクに適用して求めようとするエラー確率は，上記の3番目，統合エラー率であるが，そのための代表的な要素タスクの基準エラー率を**表3.17**に掲載する．

② タスク間の依存性：一連のタスクのエラー確率を求める場合，先行タスクの成功，失敗が後続タスクの成功，失敗の確率に及ぼす影響を考えなければならない．THERPでは，まったく影響がないとするゼロ依存性（先行タスクと後続タスクは独立したタスクの意味）から完全依存まで5段階に分けているが，中間の3段階として低い依存（LD），中程度の依存（MD），高い依存（HD）の従属性の求め方は，**表3.18**のようにしている．

③ 性能形成要因：上述のヒューマンエラー率は，人が「標準」の状態でタスクを行う際の「性能」（パフォーマンス）を前提にしているので，人がタスクを行う際の実際的な状況ではどうなるかを勘案する必要がある．THERPでは，このような取り扱いのために**人間のパフォーマンスに及ぼす要因**（performance shaping factor；PSF）として，**表3.19**に示すような外部要因，内部要因，ストレッサを考えている．このようなPSFを考慮して基準ヒューマンエラー率に重み付けを行い，ヒューマンエラー率を修正する例を**表3.20**に示す．

表 3.17 要素タスクの基準エラー率[49]

	単位タスク	標準値	下限値	上限値
1	巡回点検中にチェックリストを正しく用いて機械の正しくない状態を誤って認識する	0.01	0.005	0.05
2	巡回点検中にチェックリストを正しく用いずに機械の正しくない状態を誤って認識する	0.1	0.05	0.5
3	チェックリストを持たず始めての巡回点検で機械の正しくない状態を誤って認識する	0.9	0.5	0.99
4	チェックリストを正しく用いることを誤る	0.5	0.1	0.9
5	確立された規則や手順に従うことを誤る	0.01	0.003	0.03
6	受け身で検査をして誤る	0.1	0.05	0.5
7	一つだけのアナンシエータへの対応を誤る	0.0001	0.00005	0.001
8	アナンシエータランプを読み誤る	0.001	0.0005	0.005
9	ディジタル値表示を読み誤る	0.001	0.0005	0.005
10	アナログ計器を読み誤る	0.003	0.001	0.01
11	アナログチャート記録器を読み誤る	0.006	0.002	0.02
12	グラフを読み誤る	0.01	0.005	0.05
13	音を立てるプリンタ記録器を読み誤る	0.05	0.01	0.2
14	3桁以上の数字を記録し誤る	0.001	0.0005	0.005
15	初めての検査中にリミットマークの付いたメータの逸脱を検知し誤る	0.05	0.01	0.1
16	リミットマークの付いた特定メータチェックで読み誤る	0.001	0.0005	0.005
17	リミットマークなしの特定メータチェックで読み誤る	0.003	0.001	0.01
18	よく似たランプが並んでいる中で間違ったインジケータランプを誤ってチェックする	0.003	0.001	0.01
19	インジケータの1個のランプの状態を不正確に記入/記録する	0.99	0.98	0.998
20	コード化した表示ランプの状態を不正確に記入/記録する	0.98	0.96	0.996
21	言葉での指示を記憶し間違える	0.001	0.0005	0.005
22	制御盤で間違った操作器を選択する a. よく似た操作器が並んでいる場合 b. 操作器が機能別にグループ化されている場合 c. ミミック形制御盤の場合	0.003 0.001 0.0005	0.001 0.0005 0.0001	0.01 0.005 0.001
23	多段階に位置切り替えのできるスイッチの設定を誤る	0.001	0.0001	0.1
24	コネクタの接続を間違える	0.01	0.005	0.05
25	操作器を間違った方向に回す a. ステレオタイプに反している場合 b. ステレオタイプに合致している場合	0.0005 0.05	0.0001 0.01	0.001 0.1
26	よく似た弁のグループで間違った手動弁を選択する	0.005	0.002	0.02
27	短いリストの操作手順の中で1項目をし忘れる（一つずつチェックして行う場合）	0.001	0.0005	0.005
28	長いリストの操作手順の中で1項目をし忘れる（一つずつチェックして行う場合）	0.003	0.001	0.01
29	短いリストの操作手順の中で1項目をし忘れる（一つずつチェックしない場合）	0.003	0.001	0.01
30	長いリストの操作手順の中で1項目をし忘れる（一つずつチェックしない場合）	0.01	0.005	0.5

表 3.18 中間の3段階 (LD, MD, HD) の従属性の求め方[49]

依存レベル	先行ステップ成功時の成功確率	先行ステップ失敗時の失敗確率
低依存 (LD)	$\dfrac{1+19\times(基準ヒューマン成功確率)}{20}$	$\dfrac{1+19\times(基準ヒューマン失敗確率)}{20}$
中依存 (MD)	$\dfrac{1+6\times(基準ヒューマン成功確率)}{7}$	$\dfrac{1+6\times(基準ヒューマン失敗確率)}{7}$
高依存 (HD)	$\dfrac{1+(基準ヒューマン成功確率)}{2}$	$\dfrac{1+(基準ヒューマン失敗確率)}{2}$

表 3.19 人間のパフォーマンスに及ぼす要因 (PSF)[49]

要因の種類	区分	具体的な要因
外部要因	種々の状況	部屋の構造,作業環境,作業時間,休憩時間,組織,など
	作業手順	手順書,コミュニケーションの方法,作業方法,など
	作業・機器の特性	ヒューマンマシンインタフェース,作業の複雑さ,緊急性,連続性,など
内部要因	人間の特性	訓練・経験度,熟練度,動機,人格,体調,グループ内の調和,など
ストレッサ	心理的ストレス	ストレス持続時間,作業速度と負荷,恐れ,単調さ,散漫になる環境,など
	生理的ストレス	疲労,不快感,空腹感,温度,換気,振動,など

表 3.20 PSFを考慮して基準ヒューマンエラー率を重み付けする一例

ストレスレベル		作業者	
		熟練者	初心者
極めて低い		2×HEP*	2×HEP
最もよい状態	段階的にタスクを実行する場合	HEP	HEP
	連続的にタスクを実行する場合	HEP	HEP
かなり高い	段階的にタスクを実行する場合	2×HEP	4×HEP
	連続的にタスクを実行する場合	5×HEP	10×HEP
極めて高い		0.25	0.25

* HEP:基準エラー率

④ THERPの計算手順とその適用例：THERPによる人的仕事のヒューマンエラー率の推定は，仕事場の状況や仕事の性質を観察して上記の依存度やPSFを考慮しつつ，下記のステップ順に行われる．

　i　人的仕事の単位タスクへの分解（**タスク分析**；task analysis）
　ii　イベントツリーによる人的過誤のシナリオ作成
　iii　エラー確率値の割り当て

THERPの応用では，原子力発電発電所などの総合的安全性を評価する**確率論的リスク評価法**（probabilistic risk assessment；PRA）の中で，人的作業の信頼性を評価する**人間信頼性解析法**（human reliability analysis；HRA）として用いられている．このようなプラントでの人的作業はおもにインタフェースに関わる作業が中心であり，それらには計装系校正作業，保修点検・サーベイランス試験，事故発生後の対応操作失敗や，故障機器の復帰操作失敗などがある．

図3.19にイベントツリーによる原子力発電所の蒸気発生器給水喪失事故時

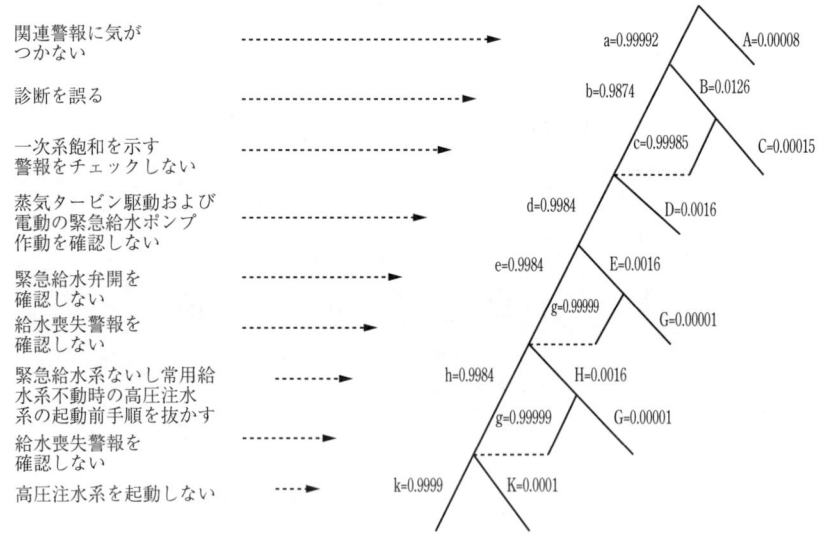

関連警報に気がつかない	a=0.99992	A=0.00008
診断を誤る	b=0.9874	B=0.0126
一次系飽和を示す警報をチェックしない	c=0.99985	C=0.00015
蒸気タービン駆動および電動の緊急給水ポンプ作動を確認しない	d=0.9984	D=0.0016
緊急給水弁開を確認しない	e=0.9984	E=0.0016
給水喪失警報を確認しない	g=0.99999	G=0.00001
緊急給水系ないし常用給水系不動時の高圧注水系の起動前手順を抜かす	h=0.9984	H=0.0016
給水喪失警報を確認しない	g=0.99999	G=0.00001
高圧注水系を起動しない	k=0.9999	K=0.0001

図3.19　イベントツリーによる原子力発電所の蒸気発生器給水喪失事故時のヒューマンエラー率の計算例[49]

のヒューマンエラー率の計算例を示す．図中では，上部から下部に事象の連鎖が二つの分岐で広がると仮定し，2分岐の左側は成功（S），右側は失敗（F）である．なお，右側の分岐から点線で左側に結ばれている意味は，人の作業に失敗があっても機械の自動系によって修復されることを意味している．図中の各ステップでのエラー率の推定では中央制御室の運転員構成による人的冗長度，手順書の書き方と制御盤上のアナンシエータ，操作器のタイプなどを依存度やPSFとして考慮して算出される．また，とくに診断の部分のエラー率推定では，時間と信頼性のトレードオフを表す図3.20のようなラスムッセンの運転員モデルの三つの行動モードの**時間信頼性曲線**（time reliability correlation）を用いて推定される．図3.20では運転員の行動がスキルベースかルールベースか知識ベースかで信頼性の時間特性が異なることを定性的に示したが，実際にはこのような特性曲線を運転員のシミュレータによる実験などで推定しておく必要がある．

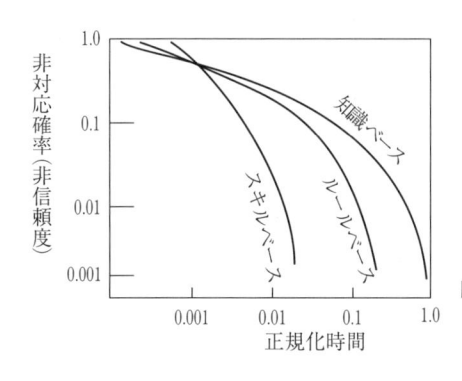

図3.20 運転員モデルの三つの行動モードの時間信頼性曲線

ヒューマンエラーの確率は，図3.19に示したイベントツリーの右側のFになるすべての分岐確率を足し合わせて求められる．

3.5 人間機械共存系としてのインタフェースの高度化

近年，あらゆる産業・民生分野でコンピュータ利用の急速な進展をもたらした．これを人間機械系として眺めると，人と機械の接点のインタフェースにコ

ンピュータを介入させてかなりの作業を機械に自動処理化させている。コンピュータ自身はもちろん機械だから,もともとの機械にコンピュータが組み込まれるという二重構造化した機械になっている。

本節では,人と機械とで構成されるシステム(人間機械系)について,自動化の導入によって主としてインタフェース(人と機械の接点)設計の変遷が運転員にもたらす心理的副次作用を述べ,ついで人間機械系の構成を人間と機械との望ましい共生関係(人間機械共存系)ととらえる立場から,インタフェースの高度化を考える。

3.5.1 自動化がもたらす人間機械系の副次作用

人間機械系へのコンピュータの導入は,監視サイドでは計測センサの情報統合化,アクチュエータサイドでは機器群の自動制御化が進められた。その結果,運転員の役割は,従来の手動操作者から,自動化された機械システムの監視者へと役割が変貌している[50]。 そこでは,昔と違ってひとりの人間が見る機械・機器の数が非常に増えているが,それぞれの機械・機器がエージェント化され,自動代行の部分が極端に増えて省力化が進んでいる。そしてコンピュータ技術の進歩により完全自動制御で無人化されている機械も出現し始めている。しかしいくら完全自動機械といってもどこかで人間要素が絡んでいる。運転だけをとらえてみても少なくとも起動停止は人間がどこかでやっているはずである。

このようにコンピュータが大幅に導入され,自動化され,ネットワーク化されて複雑大規模になった機械システムは,エネルギープラント,電力システム,通信システム,金融システム,航空システム,高速交通システム,道路システムなど社会の動脈を支えるものばかりである。そして社会の高度化,情報化,グローバル化などでますます大規模複雑化が進んでいるが,その運用と保全の安全性,信頼性の維持は,じつはますます少数化していくエキスパート,技術人間が支えていることに気がつく。

自動化は,人的関与の比率低減化による人的負担の軽減で,経済性,信頼性

3.5 人間機械共存系としてのインタフェースの高度化

双方の向上を達成したいという動機から積極的に進められてきた。しかし，自動化，計算機化によるシステムの複雑化・大規模化は，原子力発電所の大事故，電力システムの大規模連鎖停電，新型旅客機の事故など，特に安全性を最優先するシステム（safety-critical なシステム）の人間と機械の関わりにおいて本質的な人的要因上の問題を招来している．例えば，システムの技術革新に伴う「監視者としての人間」の信頼性に対して，「自動化のアイロニー」という言葉で疑問が投げかけられている[51]．

　自動化の進んだ機械で運転員に期待されている役割は，自動化システム故障時のバックアップと自動化されていない範囲の手動制御の二つである．しかし，機械は実際には自動的に正しく動いていて人間には何もすることがない，自分が技量を発揮する機会もないのでだんだん機械がわからなくなり機械に盲目的になっている．つまり機械がブラックボックス化してくる．そこで突発的にトラブルが生じると，うろたえて動転した状態で操作するためますます事態を悪くする．

　このようなことにならないようにするには，運転員はいつ起こるか，どんなことが起こるのかわからない緊急事態に対処できるようにスキル上達の訓練を重ねるとともに，緊急事態のストレスを克服する強靱な精神力を涵養しなければならない．要するに，通常時は自動システムの単調な監視が主であるが，異常時には社会的責任，時間的制約の重圧下で，想定外の事態もあり得る状況に対しても知識を備え適切な状況認識ができる高度な診断能力と，緊急事態への適切な対処能力が要請されるので，おもな職務は後者に備えての日常的な切磋琢磨と言えむ[52]．Safety-critical なシステムの安全性，信頼性は，システムの設計・製造，日常の保全管理で支えられるが，事故が発生したときには運転員が誤りなき対応が求められる．Safety-critical なシステムの運転員は現代の社会インフラの安寧を支える技術者社会のシャープエンドである．

　しかし見方を変えればこれまでの自動化の導入は，技術的に容易に実現できるところから進めていくというパッチワークの進化で，大規模化複雑化しているところに根本的な問題があった．最近は技術的要因だけの自動化の追求が，

人間要素を置き去りにしてきたという反省から，**人間中心の自動化**への再構成が課題とされ，「人を制御のループに組み込む」，「コンピュータ支援でわかりやすくする」，「ユーザ参加の設計過程」などそれぞれで着眼点は異なるとはいえ，いずれも人間機械共存系としての構成を志向した新たな技術開発が進められている．

3.5.2　人間機械共存系の状況認識技術

（1）　**状況認識技術の課題**　　自動化されたプラントは運転員にとっては一見心地よいが，じつはすでに述べたように「自動系が故障した場合の回復操作」や「限られた時間での意思決定」という困難な作業を強いるものとなる．それでは現在の技術的自動化はどのような考えで構成されているのだろうか？シェリダン（T. Sheridan）は，技術的や経済的な制約から，現在の技術的自動化のあり方をつぎの二つに分けている．一つは人の合意を待つ方法で，人に最終決定権限を与え，人の指示（意思決定）がない限り自動動作を開始しない．もう一つは一定時間だけ待つ方法で，人が判断する余裕のためにあらかじめ設定された時間だけ待ち，人から何も応答がないまま設定時間を過ぎると，自動動作を開始するものである[53]．

　自動化は省力化にはなるかもしれないが，これではいずれでも機械から人に「さあ，どうしますか？」と「判断することを突きつける」わけで，人には必ずしも快適とは言えそうにないし，特に，その自動系そのものが故障したときには，人が混乱することは避けられない．だから人との相互作用を前提とする自動系では，「プラントに何が起こったか」，「人は何をすべきか」など，きめ細かく機械の状況を人に知らせる（表示する）機能が必要であり，情報表示はユーザ中心でわかりやすいことが要求される．

（2）　**事故時の人間心理と人間機械系の情報不均衡**　　事故に遭遇するとよく「頭が真っ白になった」と言う．また何か起こった場合には「落ち着いて，一呼吸おいて行動せよ」という教訓は，運転員のホワイトアウトした状況下の反射的行動によって事態悪化を防止するキーワードとなっている．

事故時の運転員行動を考えると，時間的余裕もなく高ストレスになってラスムッセンのモデル中の「解釈」のような面倒な認知行動はスキップするだろうし，特にホワイトアウトした状況では，「何か刺激があれば即座に短絡的な行動をしてしまう」という反射的な行動パターンを前提にするほうが，運転員には親切な事故時運転支援システムと考えられる。

インタフェース設計の難しいところは，機械と人間の特性を比較したフィッツリスト（表3.1）で示したように，人の情報処理速度はいくらその手続きがきちんと決められていても機械とは比較にならないほど遅いところにある。機械は多くの情報を即座に処理して多様な表現形式で情報提示ができる。しかし，特に緊急事態で人が混乱していると，機械が表示する情報の認知負荷をいかに小さくしても，人は表示情報をすべて認識し，理解することは不可能である。また人間が機械に何らかの照会を行おうとする場合，キーボードや音声で入力しなければならないが，自然言語理解はいまだ実用レベルに達していないので，機械の規定する言語で人の意志を伝えざるを得ない。したがって，それらの人へのワークロードを勘案すると情報のやりとりにも大きな不均衡が生ずる。

機械が自分自身で生成する情報をすべて人に表示するのではなく，必要不可欠な情報を精選し，人にわかりやすい形で伝えることが理想である。

（3）**直接支援と間接支援**　そこで以上のような事故時対応の人の原理をもとに，人を効果的に支援するインタフェースの情報提示の仕方を，**直接支援**（direct support）と**間接支援**（indirect support）に分けて考える。直接支援とは，人に解釈を一切要求しないもので，人間が機械の指示どおりに振る舞えばよい，という人をマニピュレータにしてしまう考え方を言う。一方，間接支援とは，事故の「解釈」を人に求める支援形態である。

Safety-criticalなシステムの事故事態下の運転員支援では，すべての突発事態をあらかじめ想定して自動化システムに組み込むことが現実問題として難しい。だからすべて直接支援機能だけで構成していかなる場合でもこのようにしなさいと運転員をマニピュレータ化できないし，どうしても間接支援機能と

の混在になる。また，直接支援機能でも人が要求どおりの行動をするという保証もない。要するに直接支援であれ間接支援であれ，運転員への状況認識支援システムの情報表示設計では，状況認識の解釈に要する認知負荷ができるだけ低く，起こっている状況を人に的確に認識させるものでなくてはならない。

（4） **状況認識を支援するインタフェース設計**　事故時に人が受け入れ可能なごく軽度の解釈を伴う有用な間接支援として，プラント状態や実施すべき操作の（短い）構文による表示，グラフィックを用いる表示（ユーザに親和性のあるアイコン，シンボルを導入した表示），さらに制御システムの挙動を何らかの方法でパターン化して表示し，あらかじめ用意した診断テンプレートとパターンを比較するというパターン認識に置き換える方法がある。心電図の波形パターンと典型的な機能異常の心電図波形を比較して異常診断するように，この方式の概念を**図3.21**に示す。特にグラフィック表示を活用した直接支援は，自動系やプロセス系で何が起こったか，その診断結果を軽い認知負荷で人間に伝える可能性を持っている[54]。

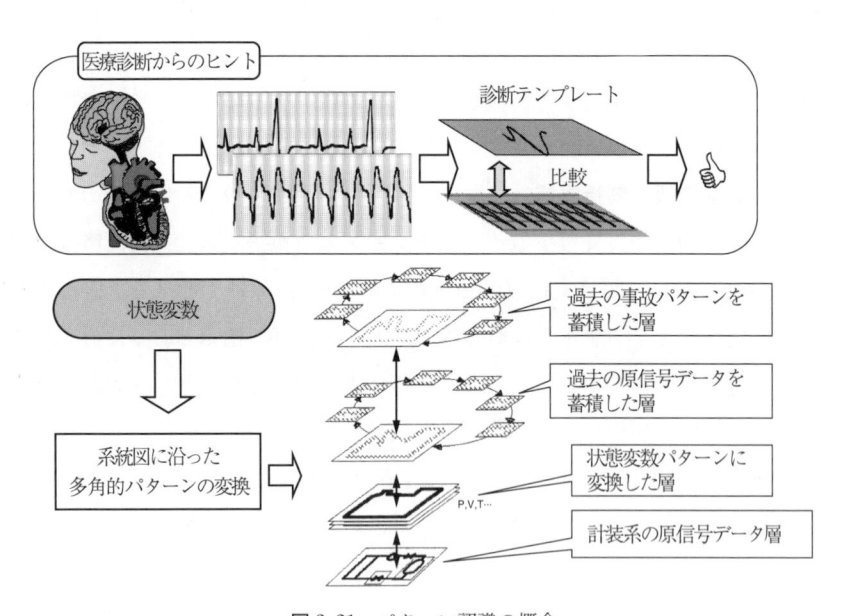

図3.21　パターン認識の概念

3.5 人間機械共存系としてのインタフェースの高度化

以下，Safety-critical なシステムの事故時支援を目的とした，**人間機械共存系構成**（human-machine co-joint system）のための新たな状況認識を支援するインタフェース設計の研究状況をいくつか紹介する。

① プラントのメタ情報と階層表現：運転員が強度のストレス状態や時間的余裕のない場合は，本当に何を伝えたいのか，それを最小限の情報で表示する必要がある。それは単一のプロセス情報である場合もあるが，ほとんどの場合，多くのプロセス信号から高度に抽象化された信号である。これを**メタ情報**（meta information）と呼ぶ。メタ情報表示とは何らかのグラフィックを用いて「意味」を表すものであり，最高の抽象化ないし最小の代表変数でユーザに直面する状況の理解を促すものである。

一方，実際のプラントの構造的構成はどのように表現すれば良いだろうか？ それにはプラント機能の抽象化の程度で，マクロ情報表示とミクロ情報表示とに分ける方法がある。マクロ情報表示とは，ユーザが自動系全体を把握できる表示で，基本的には実際のプラントの全体構造に沿ったグラフィック表示により状況理解を促す。一方，ミクロ情報表示とは，多くのプラントの制御盤で見られるもので，プラントの各サブシステムのプロセス変動を示すためにそれらのサブシステムと関連するパラメータをトレンド表示するものを言う。

プラント情報のマクロ情報表示とミクロ情報表示による階層化は最新型原子力発電所の中央制御盤でも用いられているが，メタ情報―マクロ情報表示―ミクロ情報表示の階層順に抽象度が高くなる一方，情報量は少なくすること，そしてこの階層間の柔軟なナビゲーションの情報表示が，人間機械共存系実現の課題である。

② メタ情報を用いた人間機械共存系：そのような人間機械共存系を志向するメタ情報を用いた情報提示画面例を**図3.22**に示す[55]。これは「人の合意を待つ方法」を前提としたもので，自動系はまずどのようにプラント状態を回復すべきか適切な操作法を自動探索し，その結果を図中の左側に「案-1」，「案-2」，「案-3」として代替案を提案している。そしてこの局面

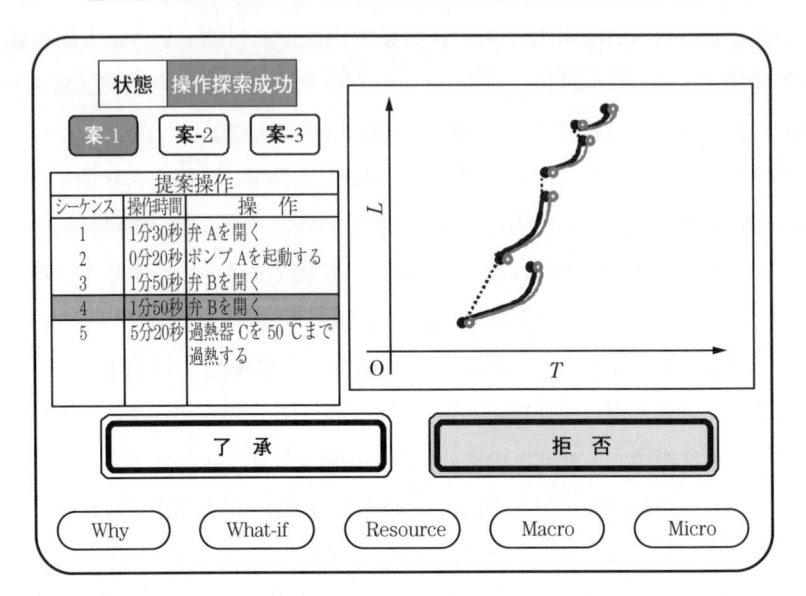

図 3.22 人間機械共存等を志向するメタ情報を用いた情報提示画面例[55]

で選択すべき最適案として「案-1」を反転表示し,「提案操作」としてその具体的な操作を操作すべき時間と操作内容の系列として表示している。運転員はこの操作プランに同意するときには,画面中の「了承」ボタンを押すだけでよい。

自動系が生成した回復プランに沿ったプラント動作の状況を運転員が監視する際には,図 3.22 の右上のグラフを見ているだけでよい。このグラフは,運転員にプラント状態の良し悪しが直感的に把握できるためのメタ情報表示の一例である。グラフの横軸 T は,原子炉が危険な状態になるまでの時間を表し,一方縦軸 L は,原子力プラントの安全上重要な運転パラメータ値が危険な状態までどれだけ余裕があるかを数値で表したものである。したがって T-L 平面の原点は「危険点」そのものである。ここでは時々刻々のプラントの安全状態がこの T-L 平面内を動く軌跡として表現されているので,運転員は一目で原点に近づけるような操作は,状態を悪化させる操作と判断できる。

原子力プラントの事故時操作では，通常の自動制御器は使われず，ポンプの起動・停止，弁の開閉等で回復が行われるので，T-L 平面内の状態点は不連続な軌跡を描いている．図中，黒色の軌跡は自動系があらかじめ探索した予測を表し，一方，灰色の軌跡は実際のプロセスを時々刻々評価して得られた軌跡を表している．この場合ほぼ同一の軌跡を描いているが，もし予測と実際の挙動に大きな差異が生じ出したら画面中の「拒否」を押して自動系の操作を停止させ，その後は運転員の手動操作に切り替えることができる．

以上のように図 3.22 の画面表示ではメタ情報によって，自動系の提案を表示すると同時に，自動系がいま，何をしているかを重ね合わせ表示させて，状況の進展が自動系の予測どおりに進んでいるかを運転員に把握できるようにしている．なお図中下部の五つのボタンは他の画面への**ナビゲーション**（navigation）ボタンである．「Resource」，「Macro」，「Micro」は，運転員が自動系に依存せずに自らが操作する場合に用いる画面で，「Resource」を選択するとプラントを回復させるために用いることのできる操作資源の一覧が表示される．また「Macro」と「Micro」はそれぞれプラント情報のマクロ情報表示とミクロ情報表示に対応する．

③ 「Why」画面と「What-if」画面による対話：メタ情報表示の例（図 3.22）ではなぜ機械がそのように提案するかがわかる画面（「Why」画面）もあった．これは機械が提案理由を何らかの方法で説明するものである．機械（自動系）側の制御アルゴリズムが 2 値論理を用いている場合は**フォールトツリー**（fault tree）と呼ぶ論理図を表示し，あみだクジのように論理が「ON」になっているパスを強調するアニメーション表示を人間に追わせるのが，一つの簡単な解決策である．その概念図を**図 3.23** に示す．図 (a) はプラントのある安全機能が故障する理由とそれをもたらすいくつかの根本原因との関係を，AND と OR の 2 値論理で表したフォールトツリーである．運転員が図中の Start を押すと，その後プロセスの時間が進むにつれ 2，3，4 の順に根本原因 1，根本原因 3，根本原因 5 が順次

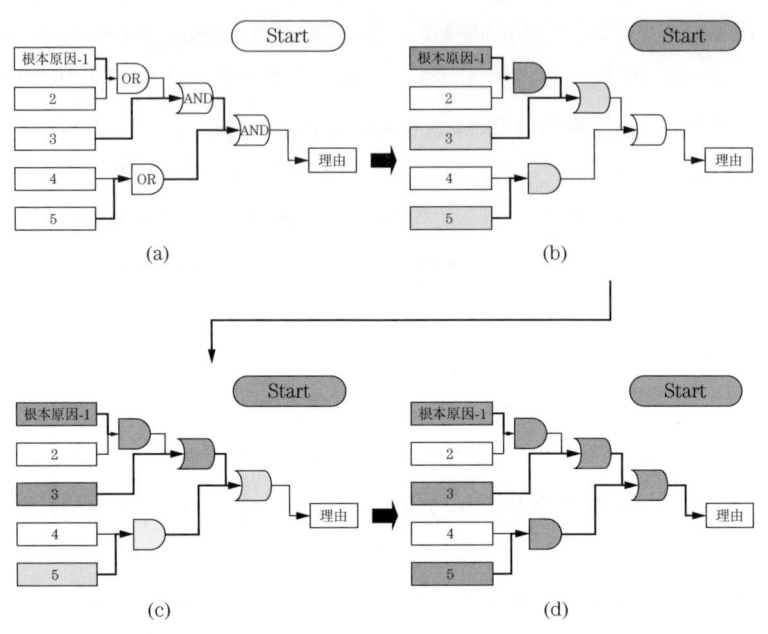

112　　3. インタフェースの認知システム工学

図3.23 フォールトツリーを用いた「Why」表示の概念図

に発生したこと，そしてどういう理由で結果としてある安全機能が故障したのか，その理由が容易に確認できる。

また，機械から操作法の提案があっても，もっと得策と思われる操作をユーザから機械に照会し，機械にその効果を評価してもらった後に，判断したいと思うユーザも考えられる。このような要求に応えるのが**図3.24**で示した人間と機械の間の対話のための「What-if」画面である。これは一種の人と機械の対話を現実の技術レベルで実現しようとするものである。

この場合，人間が機械に問い合わせたいことは，人がもっと得策と考える「操作」であり，その操作の仕方は，要するに「どのサブシステム（S；sub-system）の，どの弁（O；object）を，どの程度ゆっくりと（M；modifier）開いていきなさい（V；verb）」である。この四つのS，O，M，Vをどのようにしたら良いかをユーザが検討するために設けた画

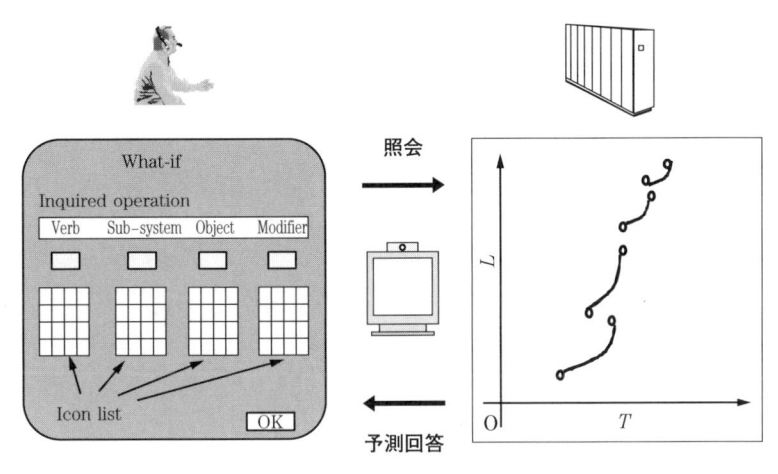

図 3.24 人間と機械の間の対話のための「What-if」表示画面

面が図 3.24 である．図中左側の What-if 画面で運転員が上記の S，O，M，V についてそれぞれの Icon-list で表示されている選択肢を一つずつ選んでいくと選択した結果は What-if 画面中の Verb，Sub-system，Object，Modifier の下にある四つのボックス中に簡潔な言葉で表現される．運転員はこれを確認後，OK を押す．すると自動系はこの操作を選択した場合のプロセス変化の予測結果を図 3.22 で説明した T-L 平面中の軌跡図として，図の右側のように運転員に表示する．このように機械へのユーザの照会と機械からの予測結果の表示という対話がシンボル表示を用いた画面でスムーズに行えれば，ユーザのストレスは解消される．

―――――― 演 習 問 題 ――――――

【問 3.1】 ラスムッセンの運転員の三つの行動モデルを図示し，説明せよ．
【問 3.2】 行動意図の形成段階から関連するスキーマの活性化，そしてスキーマのトリガーによる行為の実行に至るまでの全体過程でスリップの機構を説明する本文中の図 3.4 を参考にして，下記に例示するいくつかの日常的なエラーが図中のいずれのスリップに該当するかを述べよ．
〈日常的なエラーの例示〉

① キー入力がかなモードになっているのに英字モードのつもりで入力し、「こいちなかにはなり」という文字が画面に現れた。
② 急須に入れるつもりのお茶の葉を湯呑みに入れてしまった。
③ 着替えをしようと寝室に行って服を脱いでベッドに入ってしまった。
④ 「わたしの"せま"は"へやい"なー」と言ってしまった。
⑤ 朝、忙しそうに居間と台所を立ち回っていた主婦が玄関に行って台所に戻ってきてから「はて、何をしようとしてたのかしら」と言った。

【問3.3】 GEMSダイナミクスモデルに基づいて、インタフェースでのヒューマンエラーの動的性格から見た三つの分類と各のヒューマンエラーの特徴について述べよ。

【問3.4】 インタフェースでの人の認知情報処理モデルの概念的枠組みを図示してその要点を説明せよ。

【問3.5】 ヒューマンエラーについて人の外面的な行動の形態および内面的な行動形成の観点で分類せよ。

【問3.6】 自動化のもたらす現代的課題を述べよ。

【問3.7】 プラントの監視・制御に当たる運転員が、インタフェース計装情報を見て異常に気づき、その異常原因を診断して、対応操作を行うという一連の認知過程のあるべき姿を図示して説明せよ。

4. インタフェース行動の心理・生理と情報行動計測

　本章では，人の心理行動に関わる生理学的知識と**情報行動計測**（information behavior sensing）への応用を述べる。まず，情報行動計測とは何か，またその計測対象はどの範囲まで取り扱うのか，ここでは，ヒトの内面的行動である思考や推論，判断などの認知行動を，意識や感情・情動的要因を含めてできるだけ客観的に理解するためのヒトの生理反応と神経系の知識，情報行動計測のおもな手法とインタフェースへの応用を概観する。

4.1　情報行動計測とは

　人の生理反応の流れは，一般的には図4.1のように表すことができる。インタフェースでの人の情報行動では，人への外的刺激には，インタフェースへの情報提供，行動にはインタフェースへの入力操作が直接的であるが，その背景にはそれぞれの個人の職務内容，職務条件，与えられるインタフェース装置の

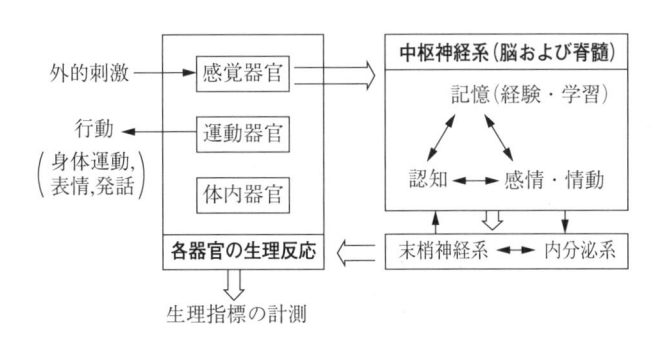

図4.1　ヒトの生理反応の流れ

条件や作業場条件などが関わっている。そこで，生理反応として人の**認知行動**（cognitive behavior）や**感情反応**（emotional response）に関わる神経系，内分泌系の複雑な関わりと，人の情報行動を計測できる手がかりとして，人の行動（**身体運動，表情，発話**）や各器官の生理反応を反映する各種**生理指標**の計測法，情報行動計測と**意識**や**感情**のモデル，情報行動計測を積極的にヒューマンインタフェースに組み込むアフェクティブインタフェースについて解説する。

4.2 神経系と心理機能

4.2.1 神経系全体と働き

　ヒトの生命と行動を支えているのは神経系であることは自明であろう。**神経系**（nerve system）の構造と機能を理解することは難しいが，ここでは**図4.2**のように神経系の解剖学的分類と各部位のおもな生理的・心理的機能の対応を示す[56)〜59)]。図4.2中の上部の大脳皮質については，ヒトの高次機能の局在をまず部位から見た脳の区分を**図4.3**に示し，一方下部の**自律神経系**（autonomous nerve system；ANS）の機能については**表4.1**に示す。**図4.4**には，ヒトの脳の断面図を模式的に示し，一方，**図4.5**に大脳辺縁系を透視した模式図を示す[60)]。

　神経系は，環境からの刺激を取り入れる眼や耳などの感覚受容器と，反応や行動を起こす筋肉や分泌腺などの効果器の仲介をしている。神経系は，中枢と末梢に区別され，脳と脊髄を中枢神経系と呼び，これらと筋肉や体内のいろいろな器官とを連結するのが末梢神経系である。末梢神経で効果器につながるものを運動神経と言う。一方，受容器と連結するものを感覚神経と言う。体性神経系は骨格筋と連結する運動神経と内臓以外の受容器とを連結する感覚神経を一緒にしたもので，一方，自律神経系は内臓や血管，消化腺などの働きに関係している。

4.2 神経系と心理機能   117

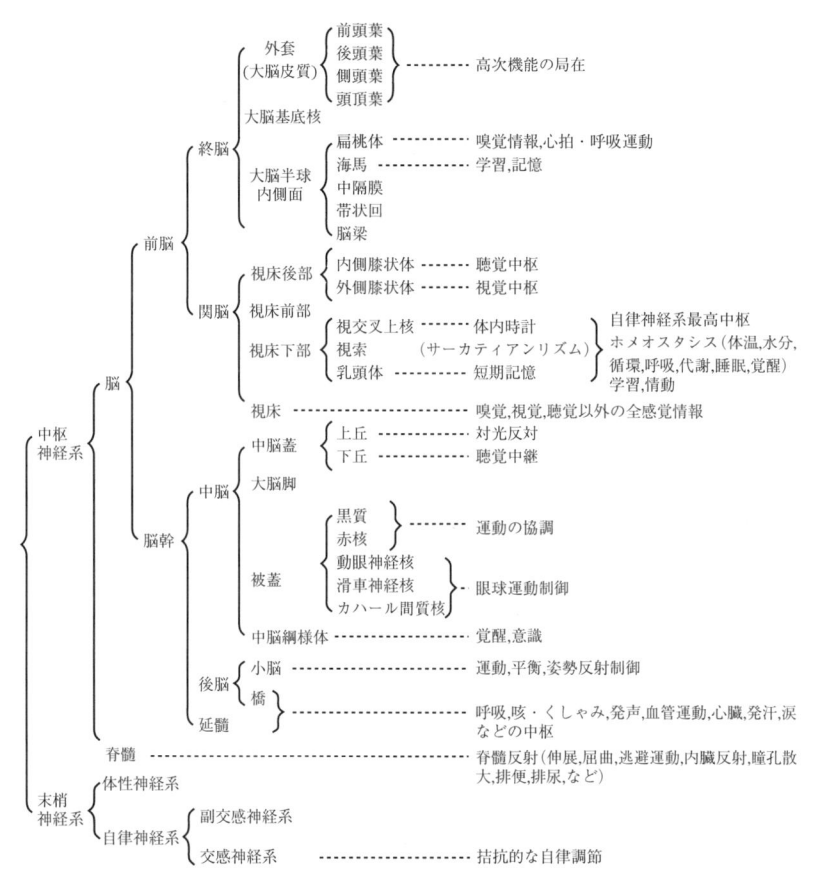

```
                        ┌ 前頭葉 ┐
                ┌ 外套   │ 後頭葉 │
                │(大脳皮質)│ 側頭葉 ├······ 高次機能の局在
                │        └ 頭頂葉 ┘
          ┌ 終脳 ┤ 大脳基底核
          │     │        ┌ 扁桃体 ············ 嗅覚情報,心拍・呼吸運動
          │     │ 大脳半球│ 海馬  ············ 学習,記憶
          │     └ 内側面  │ 中隔膜
     ┌ 前脳┤              │ 帯状回
     │    │              └ 脳梁
     │    │        ┌ 視床後部 ┌ 内側膝状体 ······ 聴覚中枢
     │    │        │         └ 外側膝状体 ······ 視覚中枢
     │    │        │ 視床前部
     │    └ 間脳 ──┤          ┌ 視交叉上核 ······ 体内時計       ┐ 自律神経系最高中枢
脳│                │ 視床下部 │ 視索   (サーカティアンリズム)   │ ホメオスタシス(体温,水分,
中枢│                │         │ 乳頭体 ············ 短期記憶     ├ 循環,呼吸,代謝,睡眠,覚醒)
神経系┤              │                                           ┘ 学習,情動
     │              └ 視床 ············ 嗅覚,視覚,聴覚以外の全感覚情報
     │              ┌ 中脳蓋  ┌ 上丘 ············ 対光反対
     │              │         └ 下丘 ············ 聴覚中継
     │              │ 大脳脚
     │              │         ┌ 黒質  ┐
     │      ┌ 中脳 ─┤         │ 赤核  ├······ 運動の協調
     │      │      │          │ 動眼神経核 ┐
     │      │      │ 被蓋    │ 滑車神経核 ├······ 眼球運動制御
     │ 脳幹─┤      │          └ カハール間質核 ┘
     │      │      └ 中脳網様体 ············ 覚醒,意識
     │      │ 後脳 ┌ 小脳 ············ 運動,平衡,姿勢反射制御
     │      │      │ 橋    ┐
     │      └      └ 延髄  ├······ 呼吸,咳・くしゃみ,発声,血管運動,心臓,発汗,涙
     │                      ┘       などの中枢
     └ 脊髄 ············ 脊髄反射(伸展,屈曲,逃避運動,内臓反射,瞳孔散
                              大,排便,排尿,など)
末梢 ┌ 体性神経系
神経系┤         ┌ 副交感神経系
     └ 自律神経系┤
                └ 交感神経系 ·················· 拮抗的な自律調節
```

図 4.2 神経系の解剖学的分類と各部位のおもな生理的・心理的機能の対応

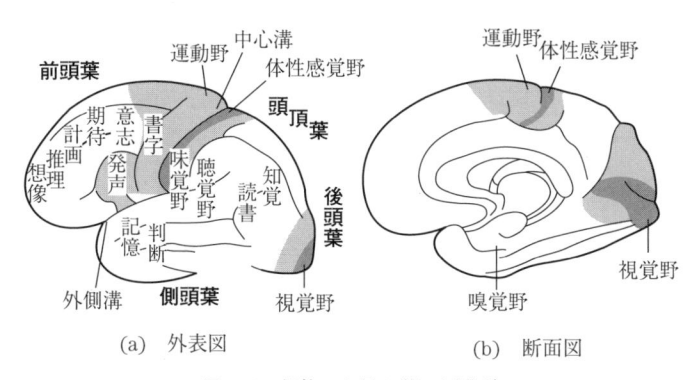

(a) 外表図 　　(b) 断面図

図 4.3 部位から見た脳の区分[60]

表 4.1　自律神経系の機能[59]

身体器官	交感神経系の活動	副交感神経系の活動
心　臓	心拍数増加	心拍数減少
血　管	一般に収縮	—
瞳　孔	散大	縮小
毛様体筋	—	収縮（遠近調節）
涙　腺	—	分泌促進
唾液腺	分泌（軽度に促進）	分泌促進
汗　腺	分泌	—
消化管	運動抑制(括約筋促進) 分泌抑制	運動促進(括約筋抑制) 分泌促進
胆　嚢	弛緩	収縮
膀　胱	弛緩	収縮

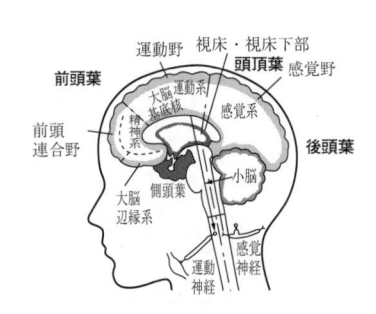

図 4.4　脳の断面の模式図[60]

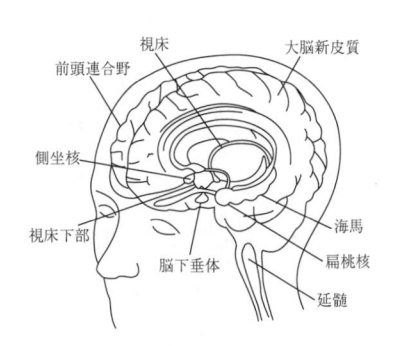

図 4.5　大脳辺縁系の模式図[60]

4.2.2　人の知覚・認知・情動と神経系

ここでは特にヒューマンインタフェースでの人の行動に関わりが深い，人の知覚・認知・情動に関わる脳機能が，神経系のどのような部位と関連しているか，神経心理学の知識をもとに述べる．

図 4.4 に示したように，感覚神経が受容した刺激は，脊髄を経て上行し，視床および視床下部を経由して感覚野に投射され，一方，運動野からの身体運動の指令は小脳により運動を滑らかにする調節を受けた後に脊髄を下降して，筋肉の運動神経を刺激して身体運動が生じる．図 4.5 に示すように，大脳内部の視床下部とその周辺はこのような神経系の上行経路と下降経路の中間経路にあるが，視床下部を中心とする大脳辺縁系の諸部位は相互に連絡しあって図 4.6 に示すような人の記憶と情動に関わる神経回路を構成し，人の自律反応やホル

4.2 神経系と心理機能　119

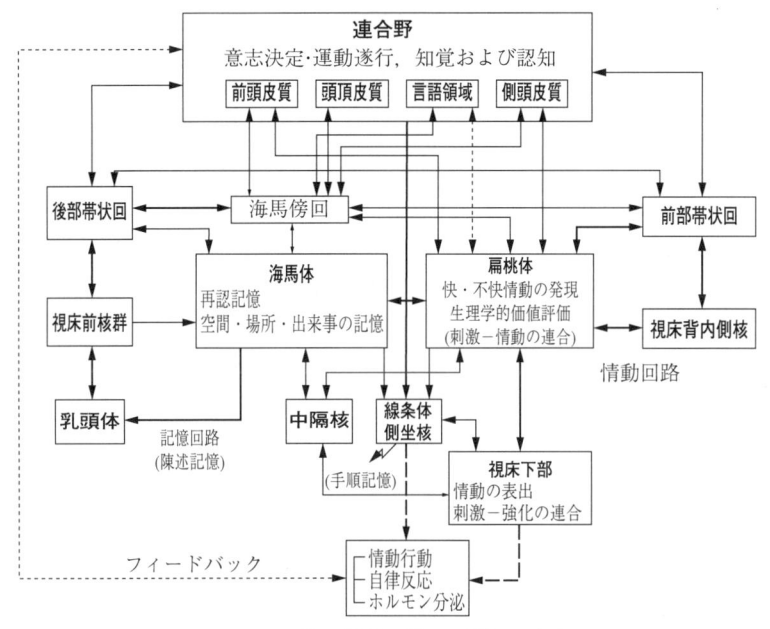

図4.6　記憶と情動に関わる神経回路[58)]

モン分泌に影響を与える[58)]。以下，図4.6について説明する。

　大脳新皮質は，図4.4に示したように感覚系を司る感覚野，運動系を司る運動野，および高次認知機能を司る前頭連合野に分かれる。そして前頭前部では行動の意思決定が行われ，頭頂皮質および側頭皮質には各種の感覚を統合する連合野があり，感覚刺激の知覚と認知が行われる。右大脳半球の下頭頂小葉は人がいまどこにいるのかを知る環境内の空間的位置関係の認知に関係している。左大脳半球下頭頂小葉は，言語野（左大脳半球のブローカー，ウェルニッケの領域，および下頭頂小葉）に含まれる。これらの大脳皮質連合野からの出力は，扁桃体を中心とする情動回路，海馬体を中心とする陳述記憶回路，および線条体・側坐核（大脳基底核）を中心とする手順記憶回路に入力される。また海馬体で処理された高次の認知情報は，海馬体と扁桃体の間の直接経路を介して扁桃体に入力され，快—不快の情動の色付けがされる。このような情動回路の中心である扁桃体の出力は，視床下部につながっている。視床下部は，認

知・情動と自律反応・ホルモン分泌が交錯する中心部位である。

次頁では，このようなヒトの心理的働きを生じる神経系の構成と特性に関わる神経生理学の知識を概観する[59],[62]。

4.2.3 神経細胞とシナプス

神経系は**ニューロン**（neuron）と呼ばれる神経細胞の複雑なネットワークで構成されている。神経細胞は一つだけではその役割を果たさず，他の神経細胞と相互に連絡して機能している。

神経細胞は**図4.7**のような構造でその大きさは 20〜1 000 μm である。神経細胞には細胞体があり，神経核を包んでいる。細胞体には軸索および樹状突起が出ている。樹状突起は多数あるが，軸索はただ一つである。軸索はミエリン鞘で包まれ，軸索を保護し，絶縁している。ミエリン鞘のくびれたところはランビエ絞輪と言う。なお，図4.7のような形は有髄神経線維と言い，神経の急速な興奮の伝達を必要とする運動神経や，深部知覚を伝える体性知覚神経で見られるものであり，早いものでは1秒間に約120 mの速さで情報を伝達する。一方，自律神経などは無髄神経でその速度は1秒間に1 m程度と低速である。神経系の中を情報が伝わるのは神経インパルスと呼ばれる神経内を短時間に経過する電気的変動の伝搬である。細胞膜は通常の場合，膜の外側が＋電位，内側が－電位であるが，この平衡状態が崩れて外側が－電位，内側が＋電位に変化する。これを脱分極というがこの脱分極があるしきい値以上になるとこの電

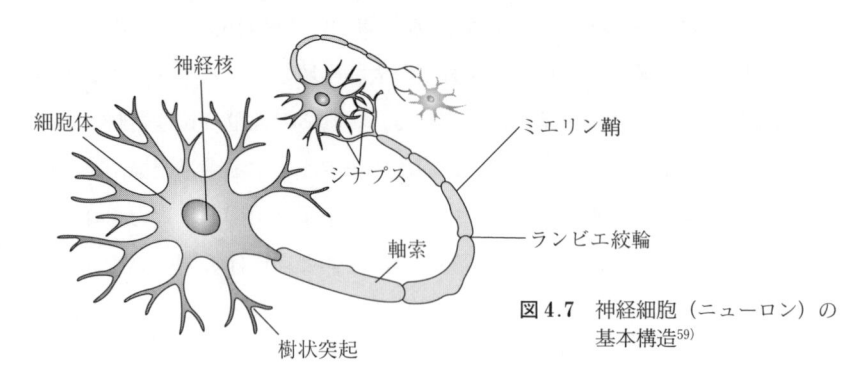

図4.7 神経細胞（ニューロン）の基本構造[59]

位変化は活動電位になり，細胞膜の隣の部分の脱分極を次々に引き起こすことによって，軸索に沿って伝播が起こる．なお，最初に脱分極した軸索の部位はしばらくすると再分極して再び膜の外側が＋電位，内側が－電位に戻る．図4.8には，神経内の電気的変動の伝搬（興奮伝導）の様子を，無髄神経線維と有髄神経線維について示した．有髄線維では興奮は髄鞘を飛び越えてランビエ絞輪を伝って伝導するので速いが，無髄線維は飛び越える髄鞘がないので遅い．

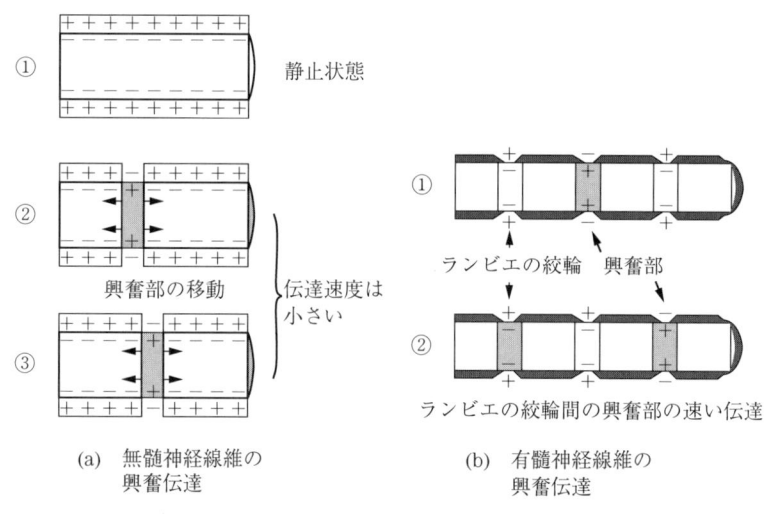

(a) 無髄神経線維の興奮伝達　　　(b) 有髄神経線維の興奮伝達

図 4.8　神経内の電気的変動の伝搬（興奮伝導）の様子

　人間の一つの神経細胞には約10万の神経連絡があると言われるが，神経細胞は直接互いにつながっているわけではない．図4.7に示すように細胞体の軸索の端には多数の終末線維があり，この終末線維はつぎの神経細胞の樹状突起との間で**シナプス**（synapse）と呼ばれる神経の接合部を形成する．

　図4.8に示したような電気的伝導で信号が神経線維の末端まで伝わると，つぎのニューロンとの間のシナプスでは20〜30 nmのギャップがあって電気信号は直接伝わらない．シナプス部での一つのニューロンから別のニューロンへの情報の伝達は，図4.9に示すように化学伝達物質の伝達によるもので，具体

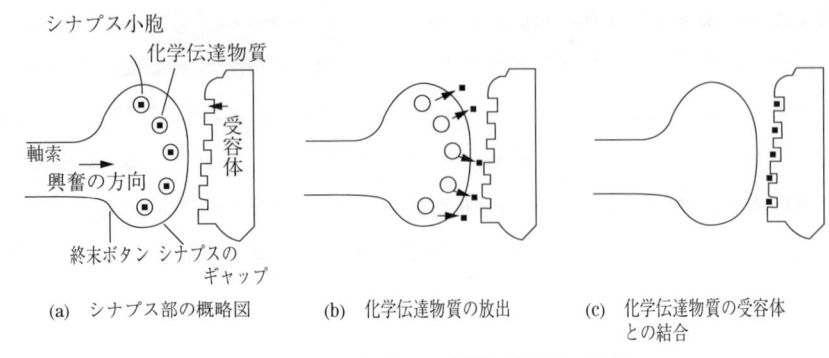

(a) シナプス部の概略図　(b) 化学伝達物質の放出　(c) 化学伝達物質の受容体との結合

図 4.9　シナプス部での化学伝達物質の伝達

的には，図 (a) に示すように，電気的信号が軸索の末端まで届くと，図 (b) に示すように，終末にあるシナプス小胞からアセチルコリンやノルアドレナリンなどの化学伝達物質が放出され，図 (c) に示すように，化学伝達物質はすき間を拡散し，つぎの細胞膜上の受容体と結合し，信号が伝わってきたことを伝え，細胞膜の電位を変化させ，つぎの細胞の活動電位を誘発する。

　このようにシナプスを通る興奮は，一方向にしか通ることができず，通過時間は神経線維に比べて長く，酸素欠乏や薬物に敏感で，疲労しやすいという特徴がある。また，神経細胞から筋などの各器官への情報もこの仕組みで伝達される。なお，シナプスにおける化学伝達には放出される伝達物質の違いによって興奮を伝達する興奮性伝達と，逆に興奮を抑制する抑制性伝達に分けられる。このように興奮と抑制の仕組みによって体の神経伝達のバランスが調整されている。

4.2.4　神経回路と神経伝達物質の役割

（1）**神経回路の形成と働き**　神経細胞は脳だけでも約 10 兆もあり，神経系全体では無数の相互連絡と興奮・抑制のパターンがあることから，神経系の連絡構造（神経回路）が非常に複雑であることに思い当たる。しかし，神経細胞間の連絡には特殊化した回路が多数存在している。

　特殊化された回路は，ある神経細胞の活動でほかの神経細胞が，そして続い

て別の神経細胞が活動するというように，安定した活動パターンを生むようになり，それらは反響回路を構成する．記憶を例にすると，繰り返し同様の細胞間の活動が続くと，それは安定した反響回路となり，さらに記憶の痕跡となる．このような反響回路が形成される過程で，この回路は随伴する味覚，聴覚，視覚，嗅覚に関連する神経細胞とも結合する．

どのように神経細胞間の連絡が形成されるかは，その大半が遺伝子情報としてあらかじめプログラム化されていて，成長の過程で神経細胞の結合が進んでいく．また，脳の形成は生後の経験も寄与している．環境との相互作用の結果として，神経細胞間の連絡回路の形成が人の発達過程で進んでいく．このような脳の可塑性は人の一生を通じ多かれ少なかれ維持される．

（2） **神経伝達物質の働き**　ニューロンはシナプス結合部でさまざまな神経伝達物質を分泌するが，そのおもなものの役割を**表 4.2**に示す．神経伝達物質の脳内分布の変化は，シナプス結合部の樹状突起間の情報伝達を短時間で変えて，覚醒や鎮静，注意，記憶や学習の促進，ストレス，快・不快感情の生起などに影響を与える．また，血流中のホルモンやその他の化学物質は脳内の雰囲気を長時間にわたり変更させる．これらがあいまって情動発生や感情的ムードという，長短二つの感情的変動をもたらす．

表 4.2　代表的な神経伝達物質とその働き[59]

神経伝達物質	働き
ドーパミン	覚醒レベルの調整，行動の動機付け．これが低いとパーキンソン病のように自発的行動ができなくなり，高いと統合失調症のように，幻覚の発生が見られる．
セラトニン	気分や心配に関係し，睡眠，痛み，食欲，血圧に影響する．高いと気分平静で楽観的になる．
アセチルコリン	注意，学習，記憶に関する脳領域に影響する．アルツハイマー症ではこれが低い．
ノルアドレナリン	身体的，精神的覚醒を刺激し，緊急反応，攻撃反応を示す．
グルタミン	学習，長期記憶を活性化する．
エンドルフィン	アヘンのように痛み，ストレスを抑え平静，幸福感をもたらす．

(3) 神経回路のモデル化　このように形成された神経回路の動作はどのように数学的にモデル化できるだろうか。まず，一つの神経細胞に複数の神経細胞がシナプスを形成している場合に，どのような計算をしているかそのモデル化を考える。

脳内の計算と表現の基本単位は，いうまでもなくニューロンである。ニューロンはその樹枝状体の先端部や中心細胞のシナプス受容体で入力を受け，多数の分枝の軸索を経てその出力値を計算する。軸索の各分枝は，他のニューロンの樹枝状体ないし中心細胞のシナプス受容体，筋肉や内分泌腺を活性化する細胞が終端となるが，図 4.10 に示すように，出力側のスカラー値 $p(k)$ を入力ベクトル $s(1), \cdots, s(N)$ と荷重ベクトル $w(1, k), \cdots, w(N, k)$ の内積として計算する。

$$p(k) = \sum_{i=1}^{N} s(i) \cdot w(i, k) \tag{4.1}$$

ただし $p(k)$ はつぎのニューロンへの信号伝達のポテンシャルを表す。

単一ニューロンでの出力の入力側へのフィードバックは状態情報の保持，積分，微分要素に該当し，数個のニューロンに渡るフィードバックは時間遅延あるいは再帰的な記憶構造を提供し，短期記憶の機能を表現できる。なお，学習

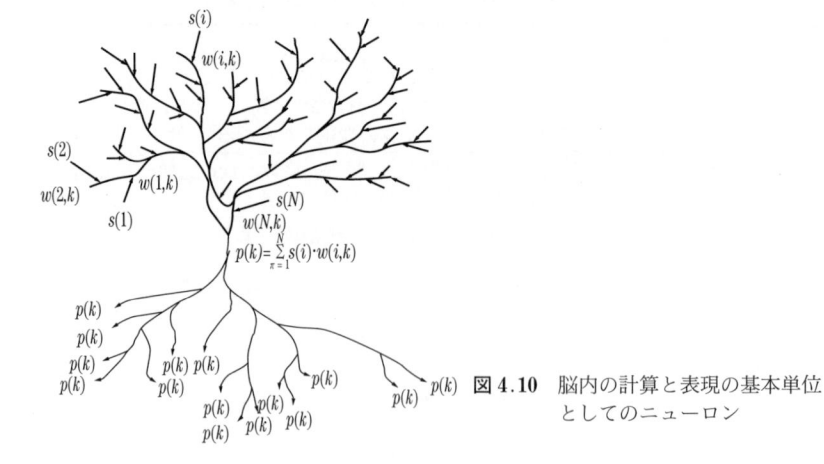

図 4.10　脳内の計算と表現の基本単位としてのニューロン

4.2 神経系と心理機能

とは長時間にわたるニューロンの反復活動によるシナプス結合の荷重変化と考えればよい。

つぎにこのようなニューロンのネットワークによる計算の仕組みであるが，個々の軸索のポテンシャル値を何らかの規則でいくつか組み合わせたベクトル値が時間的な情報伝達のための基本枠組みと考え，ニューラルモジュールの計算の仕組みを抽象化すれば，図 4.11 のようになる．ここでは，ある一つのニューラルモジュールに信号を伝達する軸索のグループは，シンボル，アドレス，IF-THEN ルールの前件条件等の情報をベクトルデータとして表し，一方，ニューラルモジュールからの出力である軸索のグループは，入力ベクトルの関数や IF-THEN ルールの後件条件等の出力情報を表している．またここで一つのニューラルモジュールの入力と出力の間に時間遅れの効果および出力の一部が入力側にフィードバックされる効果を考えると，それぞれ図 4.12 の図 (a)，(b) のようにモデル化できる．図 (a) では変換関数 H は，入力ベクトル $S(t) = (S_1, \cdots, S_6)$ を δt を時間後に出力ベクトル $P(t+\delta t) = (P_1, \cdots,$

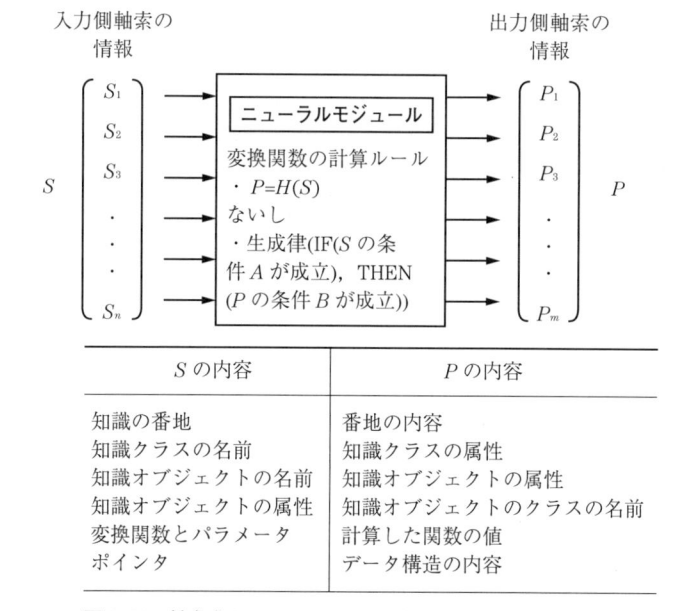

S の内容	P の内容
知識の番地	番地の内容
知識クラスの名前	知識クラスの属性
知識オブジェクトの名前	知識オブジェクトの属性
知識オブジェクトの属性	知識オブジェクトのクラスの名前
変換関数とパラメータ	計算した関数の値
ポインタ	データ構造の内容

図 4.11 抽象化したニューラルモジュールの計算の仕組み

126　　4．インタフェース行動の心理・生理と情報行動計測

(a) 時間遅れの効果　　(b) 出力の一部が入力側にフィードバックする効果

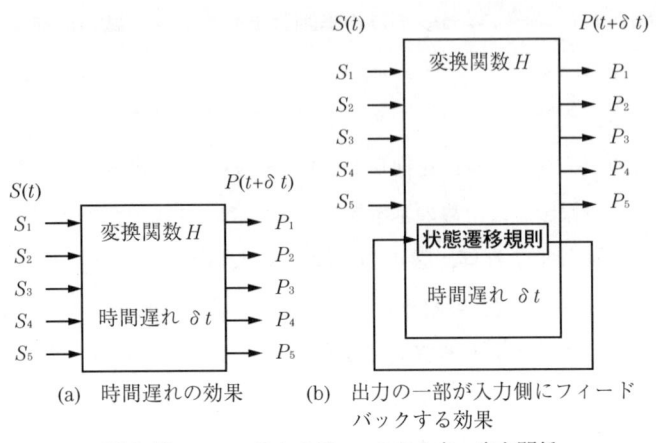

図 4.12　ニューラルモジュールの入力・出力関係

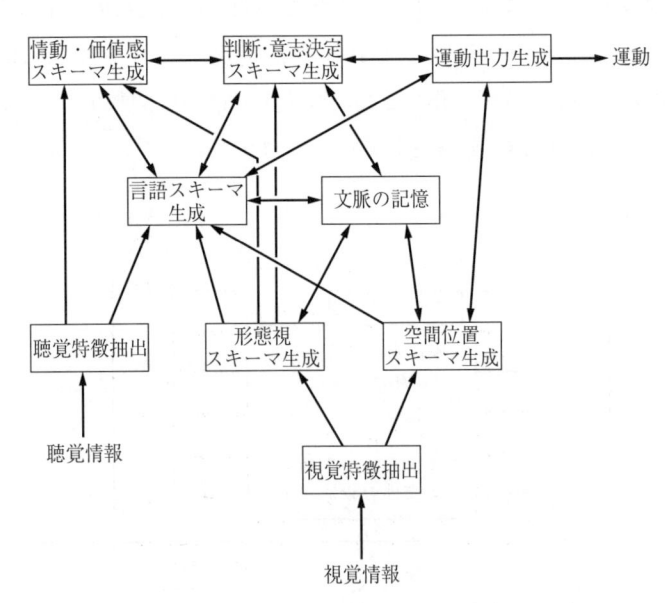

図 4.13　視覚や聴覚等の感覚受容からその高次処理を経て行動発現に至る複雑なニューラルネットワーク

P_5) に写像変換する。そして図 (b) に示すように出力から入力へのフィードバックがあり，変換関数 H に状態遷移規則を用いれば，有限オートマトンになる。

以上ではニューラルモジュールの機能については一般的に抽象化したが，そ

れぞれのニューラルモジュールに個別の認知機能を担当させることにより，ある特定の総合機能を果たす神経回路を数学的にモデル化できるだろう。例えば視覚や聴覚等の感覚受容からその高次処理を経て行動発現に至る複雑なニューラルネットワークは全体として図 **4.13** のように構成されていると考えれば，これは 3.3 節で考えたヒューマンモデルの構成法とは別のアプローチで，ヒューマンモデルを構成できることを示唆している。

4.2.5 人の脳機能のシステム―運動制御と自動性

人の脳は生存に必要なことを行い不必要なことはしないように環境に適応するように進化してきた。このような脳の環境へ適応する機能は，中枢神経系の個々の要素の独立した働きではなく，中枢神経系を含む全体的，統合的な働きである。このような働きを運動制御と自動性について簡単に述べる。

（**1**）**運 動 制 御**　図 4.4 では運動の制御は前頭葉で行われると説明したが，実際はもっと複雑である。例えば「のどが渇いたな」と思うのはおそらくは皮質下の視床下部で生理的欲求を生み，渇きの動機が前頭前野に伝わり，ジュースでも飲もうというプランを作成する。ジュースを飲む運動プランは補足運動野で構成され，これの制御のもとで運動野の錐体細胞が筋肉の共応動作を作り，ジュースをコップに入れて飲む動作が行われる。

人の脳へのたいていの感覚刺激入力は，脳の後部から前部へと伝達されるが，環境からの刺激に対処する運動は，一般にはどのような刺激かを認識し，解釈するなどの前頭葉の意識的コントロールを受ける。一方で特に意識的なコントロールを受けない自動的な運動もある。それらは飢え，渇き，自己保存，性など反射や生理的要求に起因するもので，左右各半球内の基底核を経て小脳を含む経路で運動行為が発動される。

（**2**）**自　動　性**　人が環境に適応して生存できるのは随意的なコントロールによらず，気づくこともない自動性の機能があるからで，それらの機能の代表が，**ホメオスタシス**（homeostasis，定常機能の維持）の原理による体温調節や睡眠，バイオリズムなどである。ここでホメオスタシスに関連が深いも

のに**ホルモン**（hormon）がある。

4.2.6　内分泌系と自律神経系の関係

ホルモンは**内分泌系**（internal secretion system）で作られるが，内分泌系は神経系と密接な関係がある。内分泌系は，特別な物質であるホルモンを血液中に送り出し，血液がホルモンを体内の細胞まで運ぶ。このようにしてホルモンは広い影響力で体の基本的な代謝をコントロールしている。

ホルモンの働きの原理は，ホメオスタシスであり，簡単なフィードバック機構で身体の働きを一定水準に保っている。例えば，もしある働きが過度ならそれに関係するホルモンの分泌が減少し，活動が緩やかになり，逆に活動が低下すると，ホルモン分泌が増えて活動をもとに戻そうとする。このような定常状態のモニタは視床下部が行い，その下部の**脳下垂体**が警告信号を発してホルモンの分泌を調整する。例えば，のどが渇くとそれが意識に上る前に腎臓に尿を出さないように指令を出し，体の水分を維持しようとする。

内分泌腺は**図 4.14**に示すようにおもなもので八つあり，それぞれのおもな

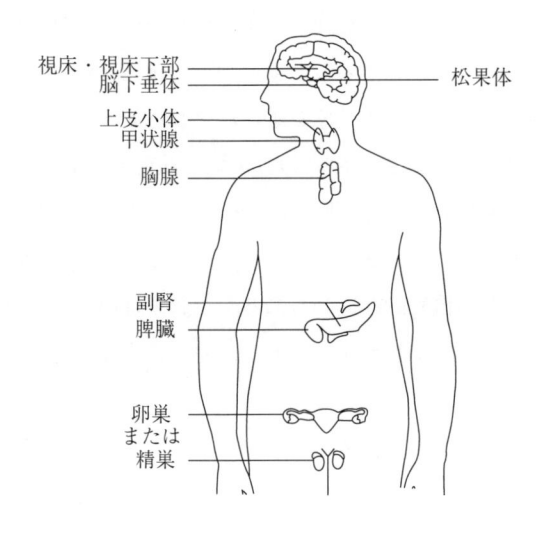

図 4.14　八つのおもな内分泌腺[59]

表4.3 内分泌腺のおもな働き[59]

内分泌腺	おもな機能
脳下垂体	成長，水分のバランス，ホルモン分泌を全体的に調整
上皮小体	カルシウム代謝，神経系活動全般の調整
甲状腺	活動，疲労，体重の調整および情動への影響
胸腺	リンパ腺，免疫反応に関与
副腎	ステロイドホルモンの産出，塩分と炭水化物代謝の調整，アドレナリンとノルアドレナリンの分泌により情動への影響
膵臓	インシュリンにより糖分の代謝を調整
松果体	月経開始に影響
生殖腺	男性では睾丸，女性では卵巣 外観の男性らしさ，女性らしさに関係

働きを表4.3に示す。これらの中で脳下垂体と副腎は，神経系と直接的で重要なつながりがある。特に脳下垂体は視床下部と密接なつながりがあり，少なくとも6種類のホルモンを分泌し，副腎，生殖腺，甲状腺などの内分泌腺と共応している。また，自律神経系全体の機能と深く関わっている。

自律神経系は，中枢，末梢の双方神経系に含まれる要素で，その命令センターは視床下部にあり，大脳皮質の影響下にホルモンの調節にも関係している。視床下部から出た自律神経は，脳幹を通って網様体賦活系と作用しつつ脊髄に入り，**交感神経**（sympathetic nerve system）と**副交感神経**（parasympathetic nerve system）に分かれる。交感神経は脊髄の中央部から出ていくつかの中継を経て，血管，汗腺，筋肉，頭，首などに至る。一方，副交感神経は脊髄の上部と尾部から出ていろいろな身体器官につながっているがおもに頭と内臓につながり，血管や汗腺などには直接つながっていない。交感神経と副交感神経の機能についてはすでに表4.1に示したように互いに補完するように働く。一般に交感神経が急激で激しい反応の生起に関係する一方，副交感神経は活性状態の終止や休息，体力の維持に関係している。

以上のような知識を基に，内分泌系と中枢および自律神経系の複雑な共応で生じる心身反応の例として，**ストレス**（stress）で高血圧になるメカニズムについて図4.15に説明する。

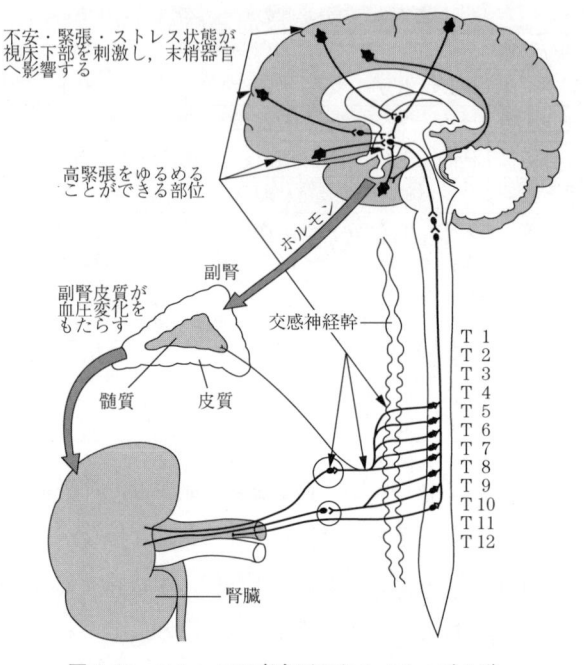

図4.15 ストレスで高血圧になるメカニズム[59]

　不安や緊張などの心理的ストレスがあると，大脳皮質―視床下部―交感神経―副腎皮質の経路で作用して副腎髄質からアドレナリンとノルアドレナリンの一部，また交感神経終末からノルアドレナリンが分泌される。これは自律神経系に作用して脈拍や呼吸数を高める。一方，ストレスは，視床下部―脳下垂体の経路で作用して副腎皮質刺激ホルモンを分泌し，副腎皮質から糖質コルチノイドや鉱質コルチノイドが血中に分泌する。そして糖質コルチノイドは血糖値の上昇をもたらし，鉱質コルチノイドの増加は高血圧をもたらす。これらが心理的ストレスがあると脈拍が増えたり呼吸が早くなったり血糖値，血圧が上がったりする理由である。

　ストレスのない状況では自律神経系と内分泌系は逃走，防御，損傷などへ共同してうまく対応するが，ストレスが長引いたり強すぎると，内分泌腺から出るホルモンの量が多くなりすぎて感染への免疫機能の低下，身体の成長機能の低下などをもたらし，身体器官の働きを悪化させて心身の健康維持に悪影響を

もたらす。

4.2.7 情動と身体反応

人には喜怒哀楽の感情があるが，その感情状態が弱くある程度長く続くときは**気分**（mood）と言うが，強くて一時的なときは感情ないし**情緒**（emotion）と言う。感情には，自分が何らかの感情状態にあることを認識することや他人の感情状態を理解するという受容の側面と，情動反応という表出の側面がある。すでに，図 4.6 に自律反応やホルモン分泌にも影響を与えるヒトの記憶と情動に関わる神経回路を示したが，以下，この図を理解するための情動と身体反応に関わる神経生理学の知識を述べ，ついで自律神経系の指標に着目して情動反応の表出を計測する**心理生理学**（psychophysiology）の方法を簡単に説明する。

(1) **ジェームズ・ランゲ説（末梢説）とキャノン・バード説（中枢説）**
どのようにして情動が生じるのか，特に情動が生じて後に身体的な反応が生じるのか，あるいはその逆なのかについて歴史的に有名な論争があった。情動と自律神経系の活動の関係について，最初の理論がジェームズ・ランゲ説で，これは身体に自律神経系の変化が生じた後で情動が経験されるという末梢説である。つまり，悲しいから泣くのでなく，泣くから悲しくなる，怖いから逃げるのでなく，逃げるから怖くなると考えた。これに反論を唱えたのが，キャノン・バード説である。この理論では情動経験がまず脳に生じてそれが末梢の変化をもたらすと考えるので中枢説と言う。この理論では刺激は大脳皮質から視床に送られ，また逆に視床から大脳皮質に情報が送られて自律神経系の反応を引き起こすと考える。このことは大脳皮質が行う認知や評価が密接に情動の種類に関係することを意味しているので，大脳皮質や皮質下のどの部位がどのように情動に関係するか解明しようとする研究に刺激を与えた。

(2) **情動を理解する神経回路のモデル** 皮質下が快，不快のような情動とどのように関係しているかモデル化した研究として，まずパペッツの情動回路や，それを発展させたマックリーンの情動の受容理解システムが提唱され

た。これらでは辺縁系の海馬が情動を処理すると考えていたが，1990年代以降海馬はむしろ長期記憶に関係が深く，情動は扁桃体が大きく関わると考えるようになった。このような扁桃体を中心とした情動理解のモデルを**図4.16**に示す。図では，① 視床下部からの情報を受けて素早く反射的に情動反応を行う部分と，② 視覚，聴覚，体性感覚，嗅覚などの各種感覚を処理する皮質からの情報を調整し受容理解する部分，の二つに扁桃体が中心的役割を果たすと考えている。① は一次的な反射的システムであり，② は二次的な学習的システムである。例えば，何かに驚いて思わず大声を上げた後，いったい何が起こったかと物体，場所，文脈などの記憶情報を使って価値や意味を判断する。扁桃体による情動を価値判断した結果は視床下部によって自律神経系，内分泌系，情動反応としての行動に反映される。つまり，情動の表出に視床下部が中心的役割を果たしている。

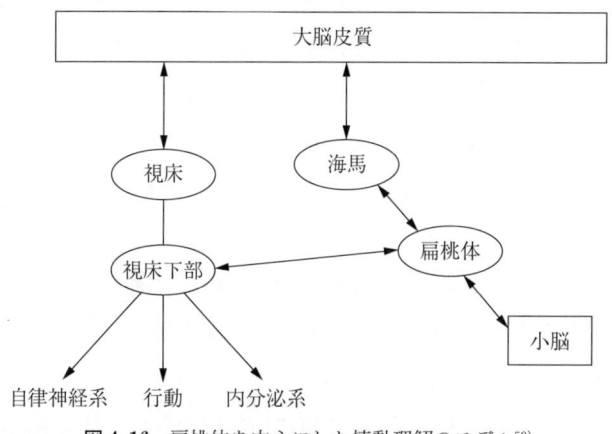

図4.16 扁桃体を中心にした情動理解のモデル[59)]

（3） 情動を表出する身体反応の生理指標　　自律神経系は，情動的な身体反応の表現を支配しているが，このような自律神経系の測度を研究対象にしているのが心理生理学である。身体全体の情動反応は，**心拍，呼吸数**（respiration rate），皮膚温，血流量，血圧，筋肉緊張，皮膚電気反応などに現れるが，これらの多数の測度を同時に測定する装置を**ポリグラフ**（polygraph）と言

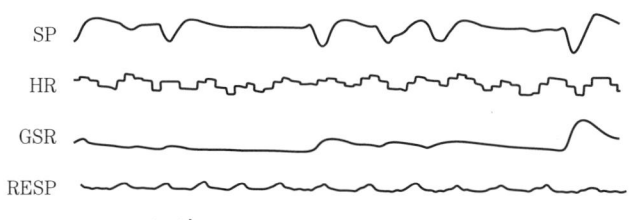

```
SP    ～～
HR    ～～
GSR   ～～
RESP  ～～
PLETH WWWW
```

SPは皮膚電位，HRは心拍，GSRは皮膚電気反射，RESPは呼吸数，PLETHは容積脈波を表す

図4.17 ポリグラフの1例[59]

う。ポリグラフはコンピュータに接続され，記録・分析が容易に行われるようになった。図4.17にポリグラフの1例を示す。図中のSPは**皮膚電位**（skin potential），HRは**心拍数**（heart rate），GSRは**皮膚電気反射**（galvanic skin response），RESPは**呼吸数**（respiration rate），PLETHは**容積脈波**（plethysmography）を表す。最近，このような心理生理学的な反応を人にわかりやすく表示して心の状態を自分で自律的にコントロールさせるようにする行動療法も出現してきた。例えば，ストレスを自覚させるために血圧の高さや心拍を音でわかるようにしたり，脳波のアルファ波成分を表示してリラックスさせるようにするもので，これを**バイオフィードバック**（biofeedback）と言う。

4.2.8 覚醒と睡眠

人は環境からさまざまな刺激を受け，これによって神経系や脳に意識を生じる。意識には水準があり，大脳皮質や脳幹が広く興奮している状態が**覚醒**（awakening）であり，一方，覚醒が下降し，抑制が大脳皮質や脳幹に及んでいる状態が**睡眠**（sleep）である。

（1）覚　醒　脳の覚醒状態は，脳幹にある網様体に最もコントロールされている。上行性の網様体賦活系が刺激されると，脳全体がただちに覚醒状態になる。

覚醒は**サーカディアンリズム**（circadian rhythm）に従って変動し，たいて

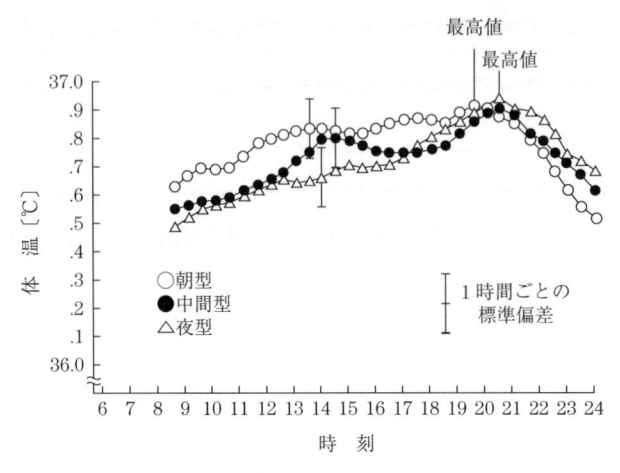

図 4.18 体温変化に見られる1日のサーカディアンリズム[59]

いの身体機能は一日の間に周期的変動がある．例えば，**図 4.18** に示すように体温は午前中は少しずつ上昇し，午後2時ころをピークに少しずつ下がり始める．そして夕方にかけて再び上昇し，夜に入ってまた急速に低下する．このような一日間のわずかな体温変化は，人のタスク課題の達成効率とも相関があると言われている．体温が高いほど早く，正確に課題を達成し，午後2時ころが最も成績がよく，午前2～4時の間は最も成績が悪い．このようなサーカディアンリズムはおそらく視床下部にある体内時計で支配されている．体内時計は外界の昼と夜の周期をわからなくしても一日をおよそ24時間として身体の働きを調整している．

（2） 脳波と覚醒　脳波（brain wave または EEG（electroencephalogram））は頭皮上に電極を配置して脳自体の活動を測定する方法として普及している．脳波は通常**図 4.19** のように頭皮上のいろいろな部位に電極をおいて2ヶ所の電極の間の電位差を増幅し，記録紙に連続波形で表示したり，多数の電極の測定値を基に脳波の分布図（トポグラフ）として記録される．

脳波には20～100 μV の電圧で，シータ（θ）波と呼ばれる4～7 Hz の周波数の波，アルファ（α）波と呼ばれる8～13 Hz の波，ベータ（β）波と呼ばれる14～25 Hz の波，そして20 Hz 以上の周波数のガンマ（γ）波がある．

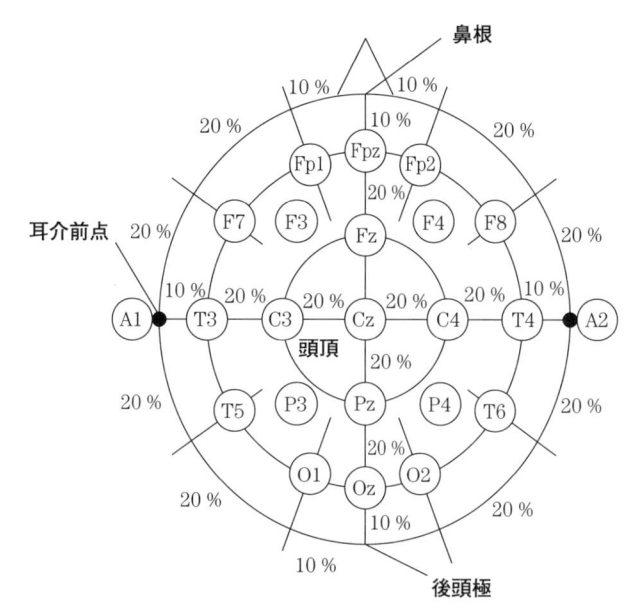

図 4.19 頭皮上の脳波電極の配置方法

　安静閉眼時には α 波が記録され，開眼したり，閉眼していても何かを考えていると α 波は消えて β 波が生じるので，脳波は覚醒状態や，その心理的原因による覚醒状態の変化を知るうえで役に立つ．α 波は全体的に生じるのに対して，β 波は部位ごとに狭い範囲で現れるので，α 波の消失（α ブロッキング）に着目すればなんらかの心理的な活動と対応させることも可能で，そのために脳波分布のトポグラフ表示が利用されるが，具体的な心理活動の推定は難しい．

　（3）睡　　眠　覚醒状態にも程度差があるが，睡眠状態にもいろいろな程度がある．覚醒状態の程度差を生理的に正確にとらえることは難しいが，覚醒状態と睡眠状態を正確に区別し，さらに睡眠のレベルを区別することは脳波（EEG）の状態を観察することで可能である．脳波では**図 4.20** に示すように，睡眠が四つのレベルに分けられる．第 1 段階が最も浅い睡眠で，第 4 段階は最も深い睡眠状態である．人は寝入るとすぐに深い睡眠状態になり，しだいに浅い状態に戻るが，約 90 分でこの周期を一晩繰り返す．図中の第 1 段階で

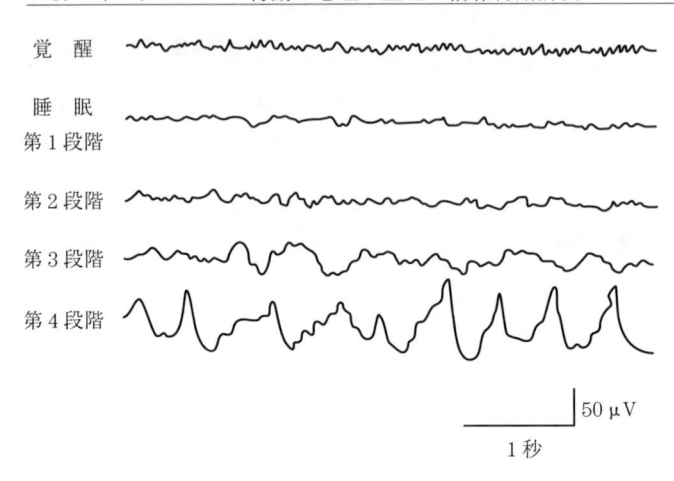

```
    覚 醒    ～～～～～～～～～～～～～

    睡 眠
    第1段階   ～～～～～～～～～～～～

    第2段階   ～～～～～～～～～～～～

    第3段階   ～～～～～～～～～～～～

    第4段階   ～～～～～～～～～～～～
                                    ]50μV
                              1秒
```

図 4.20　脳波で観察される睡眠の四つのレベル[59]

は眼が急に動くこともあり，REM 睡眠と言い，その他の眼が動かない睡眠を non-REM 睡眠と呼ぶ。REM 睡眠のときに夢を見ると言われる。

4.2.9　脳機能の神経生理学的計測法

脳の活動を神経生理学的方法によって計測する研究は，EEG のような電気

表 4.4　神経生理学で用いられる各種計測法の種類と特徴[59]

測定法	目的	特徴	時間分解能	空間分解能
EEG	脳の電気的活動の測定	細胞外電流の電位分布	○	○
MEG	脳の磁気活動の測定	細胞内電流による磁場測定	○	○
CT	脳内組織の形態の測定	X線透過率の部位差を画像化	×	○
MRI	脳内組織の形態の測定	パルス磁場を加え，水素などの核磁気共鳴を計測，画像化	×	○
fMRI	脳内組織の機能の測定	パルス磁場を加え，酸素などの核磁気共鳴を計測。血流量，代謝量を画像化	×	○
PET	脳内組織の機能の測定	脳細胞で代謝される物質を同位元素で標識して計測。血流量，代謝量を画像化	×	○
SPECT	脳内組織の機能の測定	金属元素の放射性同位元素で標識し計測。血流量を画像化	×	○

生理学的方法やコンピュータを活用した各種の画像診断法の進歩で進んできた．これらの詳細は適当な参考書[59]に譲り，ここではそれらの計測法の種類と特徴を**表4.4**に記すにとめる．

4.3 意識の階層モデルと情報行動計測

前章では人の神経系の構成，機能，特性と心理・生理との関わりについて述べた．ここではまず人の意識について考察するとともに，情報行動の計測法の第一歩として，意識のもたらす内面的な認知行動を計測する問題を考える．

4.3.1 三つの意識

意識とは何かについては，前節でも覚醒や睡眠との関連である程度述べたが，脳神経科学の領域で意識は大きな研究課題となっている．意識は，人の認知過程に深く関わって三つの働きがあると言われる[63]．それは**覚醒**（生理学的意識），**アウェアネス**（知覚・運動的意識），**自己意識**（リカーシブな意識）で，この順に深い認知機構をもつ．**覚醒**（arousalまたはvigilance）は睡眠と対をなすもので，目覚めた状態であり刺激を受け入れる準備のできた状態である．

二つめの意識は，刺激を受け入れている状態あるいは運動している状態で**アウェアネス**（awareness）という．アウェアネスは気づきであり，その働きは感覚や知覚の覚に近い．それは特定のものごとに向かう志向的意識で日常生活のありふれた状況下であり，知覚と行動とを結びつける**注意**（attention）の働きが生じ，また注意の向け方で対象への意識も異なる．苧阪[63]は，視覚的アウェアネスと運動的アウェアネスに分けている．

視覚的アウェアネスでは，両目の網膜に写る外界の像は2次元の画像であるが，人が実際に知覚するのは奥行きのある3次元の世界である．2次元の手がかりから3次元の知覚世界を構成的に復元する視覚的アウェアネスの働きは競合する情報を選択し，協調する情報を束ねて（バインディングして）動的で一

貫した視覚的意識を構成する。3章で述べた図3.1のようなおばあさんと若い女性のどちらにも見えるあいまい絵で，一方が認識されると一貫した整合性の制約が働き，他の見え方が抑制される。おばあさんに見えるときは，おばあさんが図（前景）で，若い女性は地（背景）に抑制されている。この図と地は固定的でなく，注意の向け方によって逆転する。注意の向け方は，脳の認知処理系を一方的にバインディングする働き，あるいは文脈を規定する働きをもたらすものと言える。

　注意は，身体運動の側面でもその働きが大きい。技能や運動の学習では初めは運動的アウェアネスを伴う意識的学習が必要だが習熟につれて無意識化されてくる。つまり練習の過程では型を覚えるのに注意が必要だが上達するにつれて型は意識されず自動化されていく。逆に意識すると動きがギクシャクしてくる。習熟は意識の希薄化と動作の自動化をもたらすが，これは身体運動に限ったものでなく，知的判断でも同様である。行為的認識（身体による認識）と知的認識（知識による認識）はともに絶えざる修練によって無意識化し，自動化することによって優れた技能，思考の深化が進む。

　一方，三つの意識のうち，最も人を特徴づけているものがリカーシブな意識である。**リカーシブ**（recursive）とは，自己再帰的あるいは自己言及的という意味で，リカーシブな意識とは，それ自身を意識できるという意味である。すなわち，自分の考えていることが自分でわかり，これをもとに他人の考えていることも推測できる。人はリカーシブな意識を持つことにより自己の認識と行動を自らが説明できる足場を固め，これを利用して他人の心理モデルあるいは行動モデルを作り，これによって他人の行動や心をシミュレートし，予測し，理解するという最も高次な社会生物的機能を果たしている。

　苧阪は，脳神経科学の研究をもとに以上の三つの意識を階層的にとらえ，特にアウェアネスとリカーシブな意識の情報処理様式の相違を，同時並列的処理と直列的処理の統合で描写し，**図4.21**のようにまとめている[63]。この構図は2章で述べた構図と基本的に同じである。

4.3 意識の階層モデルと情報行動計測　　*139*

リカーシブな意識
（自己意識）

アウェアネス
（知覚・運動的意識）

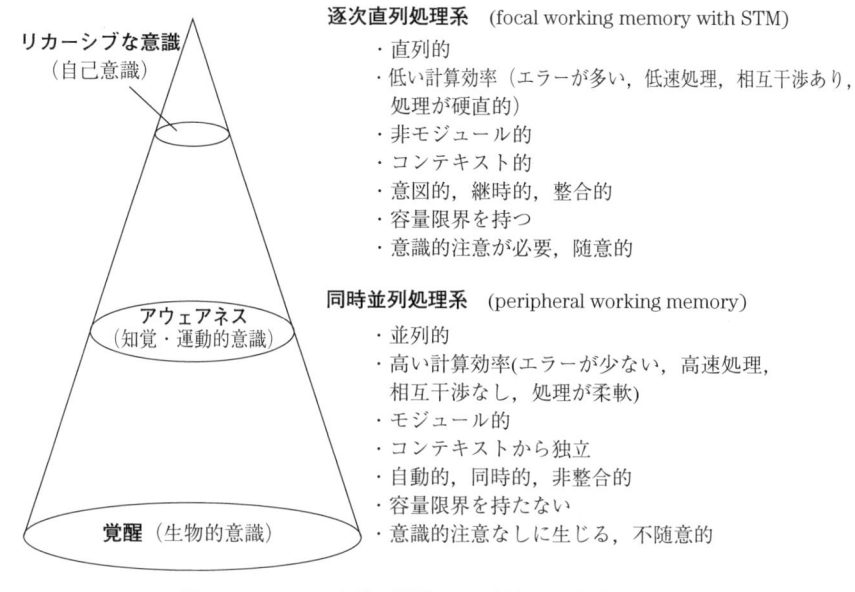

覚醒（生物的意識）

逐次直列処理系　(focal working memory with STM)
・直列的
・低い計算効率（エラーが多い，低速処理，相互干渉あり，処理が硬直的）
・非モジュール的
・コンテキスト的
・意図的，継時的，整合的
・容量限界を持つ
・意識的注意が必要，随意的

同時並列処理系　(peripheral working memory)
・並列的
・高い計算効率(エラーが少ない，高速処理，相互干渉なし，処理が柔軟)
・モジュール的
・コンテキストから独立
・自動的，同時的，非整合的
・容量限界を持たない
・意識的注意なしに生じる，不随意的

図 4.21　三つの意識の階層とその情報処理様式の相違[63]

4.3.2　意識過程を分析する内観法

認知心理学では以上のような人の意識過程を調べる伝統的な実験法として内観法が用いられる。**内観法**（introspect method）では，思考課題遂行中の被験者に課題解決中の心に浮かんだことを口頭で報告させる。これを**発話報告**（verbal protocol）という。発話報告は，情報行動計測の重要な手段である。

発話報告には，被験者が課題を遂行中に自分の頭の中をリアルタイムに観察しながら，それを言葉にして出す**同時発話**（think-aloud protocol）と，課題を経た後に，それを言葉として報告する**回顧発話**（reflective protocol）の 2 種類がある。

エリクソンとサイモン（Ericsson and Simon）は，言語化とは人の記憶システム内でのそのときある状態に置かれている情報を外在化し，明白化することと仮定しているが[64]，その状態を**焦点的注意**と呼び，これが意識体験と密接に関連していると仮定すれば，言語化された情報は人の記憶システムの**短期記**

憶の内容に相当する。

　人がある思考課題を達成した直後にその課題をどのように解決したかを報告する回顧発話は，解決した方法を要約して説明するためによく整理されてはいるが，問題解決の詳細な過程を示すものではない。一方，課題を遂行中の自分の考えていることを逐一口に出して説明する同時発話は，問題解決の詳細な過程を表出するものであるが，自分が課題を解くために短期記憶を操作しなければならないことと，それをことばとして口に出して説明すること，という二つの仕事を同時にしなければならないために実際上は難しい。特にインタフェースに時々刻々提示される情報を見聞きしながら判断を行わねばならないリアルタイムの問題解決課題の場合は発話をすることが難しく，それに慣れるためには訓練を必要とする。口に出しながら問題を解くということで問題を解くこと自体が妨害されることもあり，逆に問題を解く作業が促進される側面もある[65]。

　以下では，同時発話の発話報告を基に，被験者の試行錯誤的な問題解決過程を分析するうえでの基本的な分析の考え方を，エリクソンとサイモンの短期記憶と同時発話に関する仮定に従って説明する。

① 被験者の問題解決行動は，与えられた問題を解決するため用いる適当なタスクを探したり，一時的に情報を蓄え，またそれを引き出すという問題解決のための記憶空間を探索し，試行錯誤的な問題解決行動の過程で新たな知識を集積していく。

② 探索の各ステップは，タスクに関連するいくつかのオペレータ群から選択された一つのオペレータを被験者の短期記憶中の保持知識に適用する。オペレータとはデータの演算や変換などの操作を意味する。このようなオペレータの適用の結果，短期記憶に新しい知識が生成されることは，意識が問題解決のための記憶空間の新しい点に移ることを意味する。

③ 被験者の発話は，現在その短期記憶に保持された情報に関連した断片の情報で大抵は最近獲得された情報に関連している。

④ その発話される情報はおもに，1.オペレータに対する入力として必要な

情報，2.オペレータにより生成された新しい知識，3.問題を解決するうえで活性化されたゴールやサブゴールを表出するシンボル（ラスムッセンのいう記号のことで，具体的には「問題がここまで解けた」，「このやり方ではうまくいかない」など「感情表出を伴う自己評価」を表すことばなどが相当する），である。

　以上，問題解決行動という情報行動を計測するために心理学で用いられる発話分析の基本的な考え方を説明した。発話分析では，発話記録の書き起こしに手間がかかるし，発話分析の観点が一貫しないことや評価者の主観が入ることに注意する必要がある。実際の実験分析では，被験者の発話を含めたビデオ記録やインタフェースへの操作ログの記録を基に，発話内容，行動の様子，機器の様子，さらには**視点**の動きを計測する**アイカメラ**（eye camera）を用いた注視点の動きや，心理生理学的測定を用いた各種生理指標の動きなどの時間的経過を，一括して**タイムラインチャート化**（time-line chart）して被験者行動をより客観的に分析するための基礎データとして用いている。

　ヒューマンインタフェースの研究で利用されるさまざまな情報行動分析の手法を，その測定の困難さと理論的基礎の2軸で定性的に表すと**図4.22**のよう

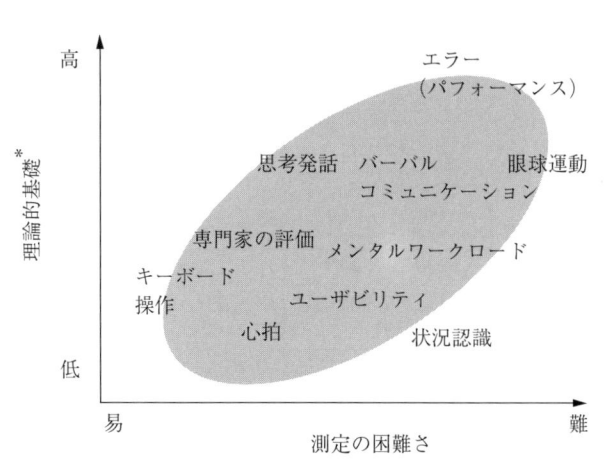

* 測定結果の解釈がどの程度簡単で信頼性も高いかを表す

図4.22　さまざまな情報行動計測の手法の比較

に示すことができる。ここで紹介した各種の異なった**指標**（測度とも言う）をタイムラインチャート化して分析する方法は手間が掛かるが，分析の信頼性向上ばかりでなく，情報行動計測のヒューマンインタフェースへの多様な応用のヒントを見いだすことにもつながる方法である。後述の 4.4 節では，「感情」の意味とその計測，4.5 節では心理生理学的計測の説明の後，4.6 節にそのような情報行動計測・分析の仕方と応用の実例を述べる。

4.4 感情のモデルと情報行動計測

4.4.1 感情の四つの視点

ヒューマンインタフェースの研究ではインタフェースの人との親和性を取り扱うので，「感情」や「感性」は高い比重を占めている。4.2.7 項では強い感情表出という面での情動と身体反応の関係の神経生理学的知識を述べたが，神経生理学の視点を別にしても，心理学における感情研究には，感情の定義，説明の仕方，研究の方法の違いで四つの視点があると言われる[66]。それらは，「**ダーウィン説**」，「**ジェームズ説**」，「**認知説**」，「**社会的構成主義説**」で，現代の感情研究でもこれらの四つの視点が大きな影響を与えている。これらのおもな考え方と提唱者，現代の代表的研究者を表 4.5 に示す。ダーウィン説では，感情の機能を自然淘汰による進化の文脈でとらえて，人類は進化の過程で他の霊長類やほ乳類と感情の機能を共有しているとしている。この視点に立つ心理

表 4.5 心理学における感情研究の四つの視点[66]

学説	おもな考え方	主唱者	現代の研究者
ダーウィン説	感情は適応機能の現れで普遍的である	ダーウィン	エクマン
ジェームズ説	感情は身体的反応の現れ	ジェームズ	レヴィンソン
認知説	感情は評価に基づく	アーノルド	スミスとラザルス
社会的構築主義説	感情は社会の目的に寄与する社会的構築体である	エイウェィル	スミスとクラインマン

学者は人類と他の動物の感情表現や表情の類似性を論じているが，特に人類は種族が異なっても恐れ，怒り，などの六つの基本感情を表す顔表情は同じとする，**FACS**（facial action coding system）と言われる顔表情の分類法[67]で有名なエクマン（Ekman, K. A.）はこの流派である。一方，ジェームズ説では，感情体験はおもに身体的変化の体験を反映すると考えるが，認知説では感情の発生における思考の役割を強調し，感情とは環境の中での出来事に対する個人の評価を反映したものであると考えている。最後の社会的構築主義では，感情とは社会的，個人的目的に役立つ文化の産物であり，社会的レベルの分析に注目してはじめて理解し得ると考えている。

4.4.2 感情の計算モデル

以上のような心理学における感情研究の系譜を統合し，かつ感情要因の情報行動計測との関わりを考えるために，ピカード（Picard, R. W.）による**感情の計算**[68]を以下に紹介する。

人はさまざまな生活体験の場面で感情を抱き，それに伴ってさまざまな身体的変化が生じる。それらは**表4.6**に示すように，身体的変化が他人に見えるもの（**見えるシグナル**）と見えないもの（**見えないシグナル**）がある。また，感情には生得的なものと後天的なものがあり，前者の感情を**第一次感情**，後者を**第二次感情**と言う。例えば大きな物音を耳にすると最初に驚き，その後，一体何が起こったのかと認知活動が始まる。このような外界刺激によって生じる反射的な感情生起が第一次感情である。一方，人が成長に伴って社会でのさまざまな場面の見聞き体験で，特定の対象・状況を感情体験としてカタログ化した結果として，認知的に生じる感情が第二次感情である。

表4.6 感情による人の身体的変化の分類

シグナル	身体的変化
他人に見えるもの（見えるシグナル）	顔の表情，声の抑揚，身振り，姿勢，視線の変化，瞳孔拡大
他人に見えないもの（見えないシグナル）	呼吸，心拍，体温，皮膚電位，筋電位，血圧

人は心身の発達に応じて高度な感情の表現を行うようになる。高度な感情表現をできる能力は，個々の人の社会的適合性のうえで**知能指数**（Intelligence quotient；IQ）より重要であるとして**情緒指数**（Emotional Quality；EQ）という言葉も登場している。このような人の感情の発達を説明するモデルとして，**図 4.23** のように感情の進化を反応層，熟考層，自己観察層の順に 3 層化するモデルがある。これを三つの意識のレベルと対比して見ると興味深いものがある。

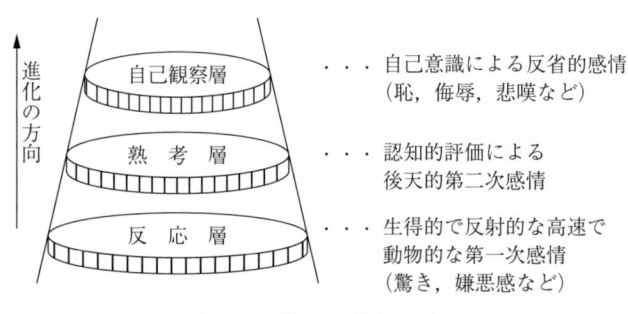

```
進化の方向 ↑

    自己観察層     ・・・ 自己意識による反省的感情
                        （恥，侮辱，悲嘆など）

     熟 考 層      ・・・ 認知的評価による
                        後天的第二次感情

     反 応 層      ・・・ 生得的で反射的な高速で
                        動物的な第一次感情
                        （驚き，嫌悪感など）
```

図 4.23 感情の 3 層化モデル

4.4.3 感情の情報行動計測

さて，感情を対象とする情報行動計測では，何を計るのか？ **表 4.7** 中の見えるシグナルも見えないシグナルも，ともに対象になる。見えるシグナルでは，顔表情や目の動き，瞳孔変化，姿勢，身振りの画像認識による方法，音声認識を利用する方法などがある。表 4.7 には，人の音声効果と感情要因の相関性を示した。一方，見えないシグナルでは，後述する心理生理学的計測を応用して人体に各種の生理電気信号を計測する電極を付着してその波形の特徴から感情生起や感情の種類を推定する試みが行われている。

また，感情を計算値として表すにはどう考えるのか？ それには感情の種類とその強さを表せばよい。アナログ量として定量化する方法として，**覚醒度**（arousal）の高低と，**好き嫌いの正負**（valence）という 2 軸空間にマッピングする方法や，もっと複雑な方法として，エクマンの六つの基本感情（恐れ，

表4.7 人の音声効果と感情要因の相関性[68]

	恐れ	怒り	悲しみ	幸福	嫌悪
発声の速度	非常に速い	少し速い	少し遅い	速いか遅い	極めて遅い
平均ピッチ	極めて高い	極めて高い	少し低い	非常に高い	極めて低い
ピッチの範囲	かなり広い	かなり広い	少し狭い	かなり広い	少し広い
音量	ふつう	大きい	小さい	大きい	小さい
声の質	正常とは異なる発声	息切れのするトーン	共鳴的	吐息が低い	不満気なトーン
ピッチの変化	正常	強調的で突発的	下方への変化	なだらかな上方への変化	広い下方への変化
発声の明瞭さ	正常	緊張的	不明瞭で連続的	正常	正常

怒り,悲しみ,幸福,嫌悪,驚き)の各成分値に分解して感情の時間的な変化を表現する方法がある。この場合,各成分値の比率変化から複雑な感情,複合した感情の生起も推定する方法に発展させることも考えられる。

4.5 心理生理学的計測の基礎知識

さて図4.1の人の生理反応の流れ図を基にすれば,図中の各器官の生理反応を生体センサを用いて各種生理指標を計測し,中枢における認知・感情要因の生起を検出し,認知・感情の種々の特性の推定を行うことができる。心理生理学的方法を応用した情報行動計測とは,おもに自律神経系や内分泌系による無意識的な生体反応による生理指標変化を計測するものである。このような心理生理学的方法は,思考発話の記録を基に人の内面的な意識の変遷を分析する方法に比較すると間接的な推定になるが,分析者の主観の混入が不可避な発話分析に比較して,客観的であり,連続的で定量的な計測法になり得る長所もある。ただし,センサの装着が被験者に負担となる欠点もある。最近は生体センサの進歩により小型化・軽量化やデータ収録の無線化・携帯化も進んでいる。

心理生理学的計測の対象となる各種生理指標と,ヒューマンインタフェースの領域で着目される代表的な人間感覚量との相関性を表4.8に例示する。な

表4.8　生理指標と人間感覚量の相関性

系	生理指標	生体活性度		ストレス		メンタルワークロード	疲労度 ◎は眼精
		覚醒度	生体リズム	恒常性	一過性		
循環系	心電図，心拍数		○		○	○	
	血圧，脈圧				○	○	
	容積脈波				○	○	
	血中 O_2/CO_2 濃度						○
呼吸系	呼吸数				○	○	
	呼気中 O_2/CO_2 濃度						○
脳神経系	脳電位図	○			○	○	
	誘発電位図				○	○	
	CNV				○	○	
視覚系	眼球電位	○				○	◎
	瞬目					○	◎
	瞳孔径					○	◎
	焦点位置					○	◎
身体運動系	筋電図，誘発筋電位					○	
	身体各部運動軌跡（重心位置など）		○				○
生理代謝系	皮膚電気活動	○		○		○	
	フリッカー値	○					◎
	体温，直腸温，鼓膜温		○	○			
	顔面皮膚温分布		○	○		○	○
	発汗量	○		○		○	○
内分泌系	カテコールアミン，コルチゾル			○	○		

お，計測に用いる生体センサや着目すべき生理指標の特性，データ処理法等の実際的知識については極めて多岐にわたるので，**心理生理学**（psycho-physiology）の基礎理論を含め詳細は適当な参考書[69]〜[71]を参照されたい。

　心理生理学的方法で人の情報行動計測を行うような人を対象にする実験では，物理や化学の実験と異なって，実験条件の統制に特別の注意が必要である。これは人の変動性（同じ人でも別の時間，日に実験すると異なる），多様性（人によってまちまちである）によるものである。実験結果の再現性，実験から提起される仮説の一般性を検証するためには，被験者の条件と人数の確保，被験者の特性の記録に注意を払い，実験結果の分析では得られた仮説がどの程度妥当性があるか，注意深い吟味が必要である。**表4.9**には，心理生理指

表4.9 心理生理学における諸概念[69]

心理生理学的概念	意　味
初期値の法則	ある刺激または場面での特定の生理反応は，その刺激前の水準に依存し，その水準が高いほど与えられた刺激に対する反応は減少する。
自律系均衡	交感神経系と副交感神経系のどちらが支配するかは人によって変わってくる。
賦活	人のパフォーマンスは，生理的活動水準によって変わる。この生理的活動水準を賦活度または覚醒度と言うが，賦活度とパフォーマンスとの間には逆U字型の相関がある。
刺激反応特殊性	人の心拍，呼吸，血圧，皮膚電位などの生理反応は，特定の刺激事態に応じて，パターン化され，刺激事態の差異によってパターンは変わる。 (単一の刺激事態に対する多数の人の反応傾向)
個体反応特殊性	特定の人はほとんどの刺激に対して特徴的な反応を持つ。 (多様な刺激事態に対する個人の反応パターンの一貫性)
心臓—身体仮説	心臓反応と課題遂行に無関係な進行中の身体活動の抑制の間には相関がある。
順応	同一刺激の反復提示により生理的反応性が減少する。
リバウンド	強い刺激後の生理的変数は，その刺激によって生じた水準とは逆の方向に刺激前の水準以下に戻る。

標を計測する際の基本知識として心理生理学における諸概念とその意味を示した[69]。表中の例えば刺激反応特殊性からは，課題のタスクにより生起された多数の生理指標を組み合わせたパターンの認識結果は，単一の生理指標だけから導かれるものより，認知タスクにより誘起される特性の検出精度が高くなることを示唆している。

4.6　インタフェースでの情報行動計測の実際例

ここでは著者らの行った，インタフェースにおける人のオンライン認知情報処理特性の基礎計測実験[72]〜[75]を具体例に情報行動計測のいくつかの手法をまず紹介する。

これは図4.24に示すような3入力3状態の確定的な状態遷移モデルを用い

148   4. インタフェース行動の心理・生理と情報行動計測

(a) ●▲■の遷移図　　(b) 3入力3状態の対応

図 4.24　3入力3状態の確定的な状態遷移モデル

実験 1

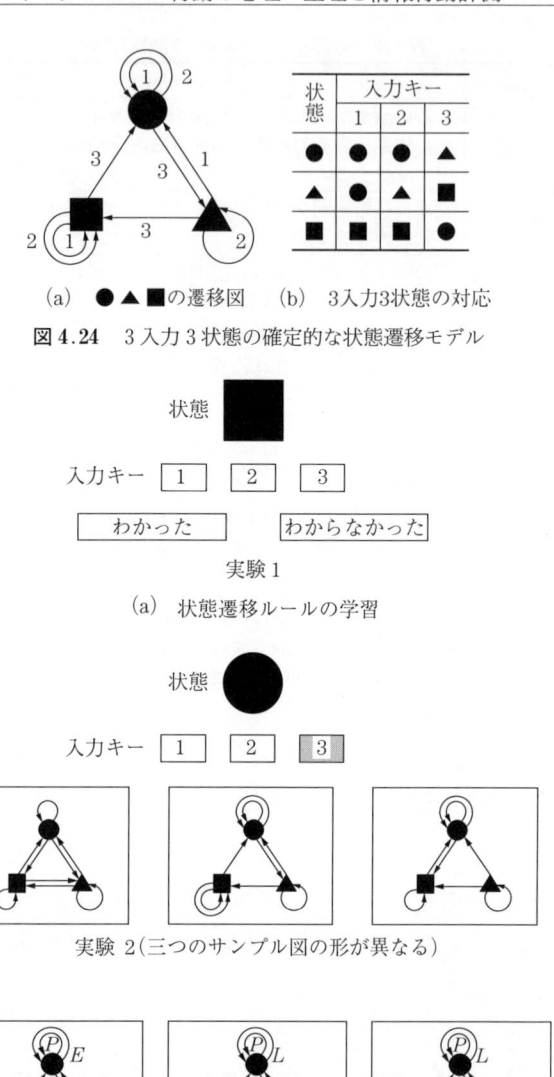

(a) 状態遷移ルールの学習

実験 2(三つのサンプル図の形が異なる)

実験 3(三つのサンプル図の形が同じ)

(b) 状態遷移パターンの判別

図 4.25　3入力3状態の状態遷移モデルを用いた実験のインタフェース画面

て，図 4.25 のようなインタフェース画面で，図 4.24 の状態遷移ルールを学習ないし状態遷移パターンを判別させる 3 種の認知タスク実験を被験者に課す基礎実験である．図 4.25 中で，実験 1 は学習実験で被験者は入力キーの 1，2，3 を交互に押してそれがもたらす状態遷移ルール（図 4.24 に示した●，▲，■の遷移図ないし三つの入力キーと三つの状態の対応表）がわかったら"わかった"のところを押し，その規則を紙に書いて示す．一方，実験 2 と 3 は状態遷移パタンを判別する実験である．この場合，画面中の入力キーの 1，2，3 の選択はコンピュータが自動的に行い，それに伴って隠された状態遷移ルールに沿って"状態"の部分の図形が自動的に変化する．画面の下には図の実験 2 ないし 3 の右横にある三つのサンプル図が示してあり，被験者はこの三つのサンプル図のうちいずれが正しいものかがわかったところでそのサンプル図を指で押す．実験 2 の三つのサンプル図は遷移図の形が異なるが，実験 3 では同じ形で入力キーの違いを P，L，E で示している．この実験では，3 入力 3 状態の遷移ルール（3×3 すなわち 27 個の遷移規則）を記憶して回答するが，これは人間の短期記憶容量の制約を超えているので，いかに規則をうまくチャンク化して覚え込むかが結構難しい．

　この実験では，被験者には問題を解く過程で思ったことを同時発話してもらうとともに，被験者にはその視点を計測するためのアイカメラと，心電図，皮膚電位，呼吸数，脳波を計測するポリグラフセンサを装着してもらった．また，コンピュータが提示する状態遷移や被験者が押すキー操作を自動収録した．

　この一連の実験研究の最終的な目標は，各種の生理指標を自動収集して，オンラインで自動処理し，被験者の認知課題タスク遂行時の内面的な認知状態の判定・感情生起の推定を行うことのできる，**オンライン認知状態推定器**（online cognitive state estimator）の開発を目指すものであった．この実験研究の実施と分析，およびオンライン認知状態推定器構成のための認知実験の流れを図 4.26 に示す．著者らの研究では，インタフェース画面の状態，計測した各種の生理指標の時間変化と発話内容を同一の時間軸にする**タイムラインチャ**

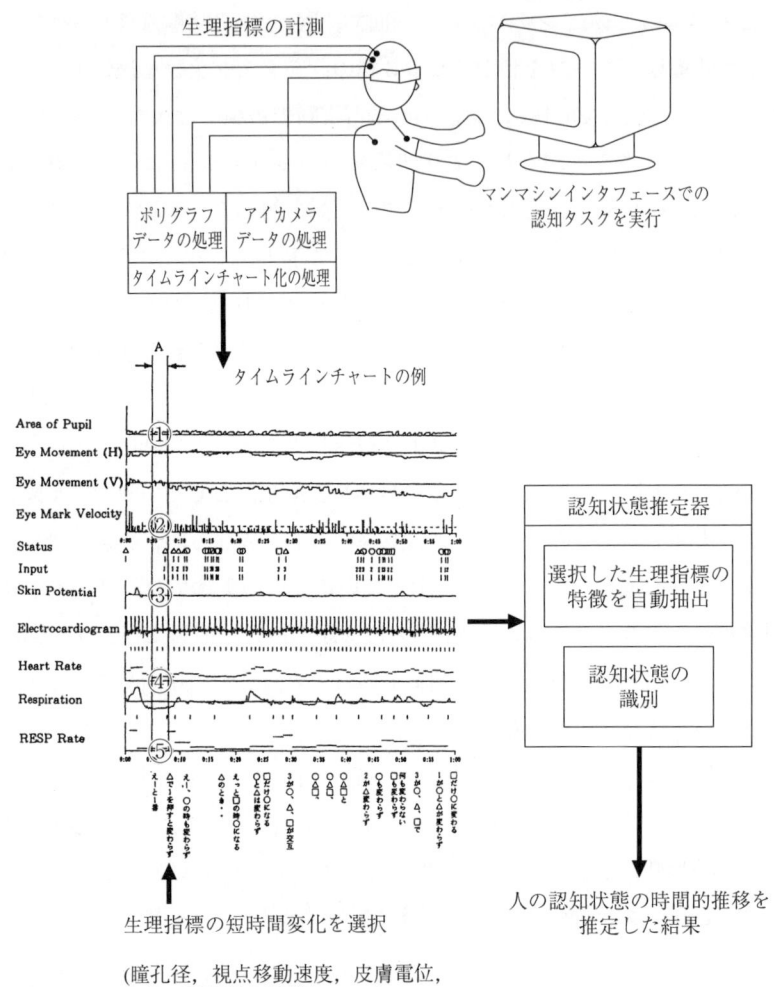

150　　4. インタフェース行動の心理・生理と情報行動計測

図4.26　オンライン認知状態推定器構成のための認知実験の流れ

ート を作成し，生理指標の短時間変化の目立った特徴と，それぞれの時点での発話内容から推定される内面の認知状態の種別（情報の取得，覚え込み，混乱，意図の転換，問題が解けたと確信する，など）とを対比させる多数の統計サンプルを収集して，この収集データをもとに数理統計法，知識処理法，ニューラルネットワークによる認知状態推定器を構成できることを示した．ここで

4.6 インタフェースでの情報行動計測の実際例

図中のタイムラインチャートは，実験1の場合の被験者データの実例である．以下，このタイムラインチャートの見方を各グラフを上から順に説明しておく．

Area of Pupil はアイカメラで計測した瞳孔面積である．Eye Movement の (H) と (V) はアイカメラで計測したインタフェース画面内の横方向および縦方向の視点位置である．Eye Mark Velocity は視点の移動速度である．Status および Input は，そのときの画面では●，▲，■のどれが表示されたか，入力キー1，2，3のうちいずれを選択したかを示す．Skin potential は，皮膚電位反応を示す．Electrocardiogram では，上部に心電図の原波形を示し，その直下の短い縦棒は心電図のR波の時点を求めた結果を示す．その下のHeart Rate は心拍の時間変化曲線である（隣接するR波の間隔の逆数から心拍が算出される）．つぎに Respiration は被験者の横隔膜位置に巻いたストレインゲージで測定した呼吸曲線の原波形であり，その直下の縦棒は呼吸曲線から吸気開始時点を算出した結果を示す．その下の RESP Rate は吸気開始時点から求めた呼吸数の時間変化曲線である．その下の時間軸にはタスク開始からの時間を示し，被験者が状態遷移ルールを調べる過程での同時思考発話の内容をその時間軸に合わせて記載している．

このタイムラインチャートのAで示している時間帯（約3秒間）は，被験者がタスクを行う際の認知活動に伴って目立って顕れた各生理指標の特徴的変化を抽出する一例を示すもので，図4.26のタイムラインチャート中の①から⑤については，それぞれ，①瞳孔が狭まる，②視点の動きが少しある，③皮膚電位には変動はない，⑥心拍は低い，⑤呼吸数は低い，といった特徴が，その時点の同時思考発話の内容から「問題解決に着手する」という意志決定と結びつけられて，認知行動推定器構成のための統計サンプルとして用いる．

なお生理指標計測を用いる他の研究事例では，プラントオペレータの頭部10ヶ所の脳波を計測して，プラント異常発生時の思考状態を弁別する研究がある[76]．これでは運転員の状態を

① 簡単に異常原因がわかってその結果に自信を持っている
② いくつかの原因候補を思いつき，そのいずれかを思案中

③ 原因が分からず戸惑っている

の三つに分類するのに，事前にこれらの状況で典型的に現れる脳波分布を線形回帰モデルで表現しておき，これとのパタンマッチで，運転員の状態を弁別するものである。

一方，心理生理計測で感情生起推定を応用するものでは，皮膚伝導率の変化を検出するセンサを手のひらにつけ，これと頭部装着のビデオカメラを接続しておいて，被験者が驚いたり，慌てたりしたときにその情景を自動収録する研究がある[77]。

4.7 アフェクティブインタフェースへの発展

4.7.1 アフェクティブインタフェースの構成法

高度情報化社会が発展するにつれ，われわれの日常生活の中でもコンピュータやそれを組み込んだ機器を使う機会が増えてきた。しかし，複雑な操作を要する情報機器を自由に使いこなす人々がいる一方，パソコンをはじめとする情報機器の操作に心理的な障壁を抱いている人々も少なくない。そこで，このような機器に感情を取り扱う機能を組み込み，人と機械の円滑なインタラクションの実現を目指す研究が盛んになってきている。このような感情を扱う機能を持たせたインタフェースを**アフェクティブインタフェース**（affective interface）と言い，その基本的な構成を図 4.27 に示す。

アフェクティブインタフェースは，従来のインタフェース機能である，機器を操作する機能と機器の状態を提示する機能に加え，人の感情を推定する機能あるいは人に感情を伝える機能を持たせる。すなわち，図 4.27 に示したように，従来のヒューマンマシンインタラクションに感情の入力チャネルあるいは出力チャネルを加えたものである。感情の入力チャネルでは，人が発するシグナルを受けてそのシグナルから感情を推定する。ここでシグナルとは外界から観測可能な感情的要因を含むものであり，例えば，表情，身振り，音声等である。一方，出力チャネルでは感情をシグナルに変換して人に提示する。アフェ

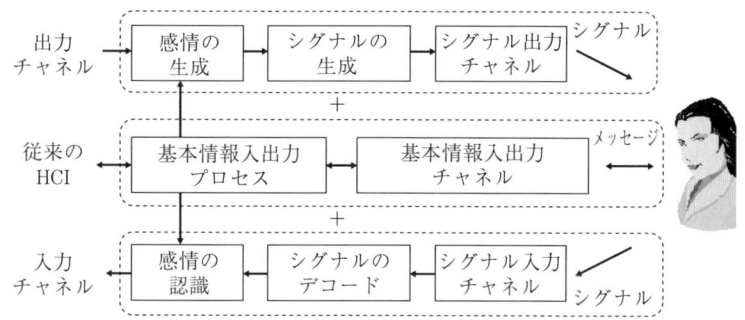

メッセージ：明示的な操作情報
シグナル：暗示的な感情情報(表情，身振り，声のピッチ・トーン，視線，瞬目など)

図 4.27　アフェクティブインタフェースの基本的な構成

クティブインタフェースとは，このようなより人間的機能が付加された**擬人化インタフェース** (humanized interface) の一種である。

4.7.2　アフェクティブインタフェースでの顔表情の応用

アフェクティブインタフェースでは，表 4.7 で示したような見えるシグナル，見えないシグナル双方のさまざまなシグナルが利用される。ここでは特に人とコンピュータの交流で効果的なシグナルとして，擬人化インタフェースでよく用いられる**顔表情** (facial expression) を取り上げて，コンピュータによる表情の認識と表情の合成を説明する。

顔表情の認識は，1970 年代から画像処理の分野で活発に行われ，画像処理技術の発達により高解像度化，認識率の向上，リアルタイム化が進んできた。また，顔表情の合成は，コンピュータグラフィック技術の進歩とともに，映画やゲーム等のエンターテイメント分野へ盛んに応用されている[78]。

（1）**顔表情の認識**　一般の顔表情の認識技術では，カラー CCD カメラにより撮像された静止画像あるいは動画像を用いるが，アフェクティブインタフェースへ顔表情認識を応用する場合にはリアルタイムでの認識処理が必要である。その処理はおもに以下の三つのステップからなる。

① 撮像画像から顔部分を抜き出す

② 顔画像から特徴を抽出し符号化する

③ 抽出した符号を表情に変換する

① では，おもに色情報により顔部分を認識して抽出する方法，あらかじめ記録した背景画像との差異から顔部分を認識する方法，顔形状のテンプレートとのマッチングをとる方法等が用いられる。色情報による方法では，RGB表色系で表されている画像をHIV表色系に変換し，I成分から肌色を認識し顔部分を抽出する。この方法では照明の当たり具合や人種により抽出が困難な場合もある。背景画像との差異による方法は，あらかじめ背景となる画像を記録しておき，撮影した画像との差異から顔部分を抽出するものである。この方法は簡便である反面，カメラの移動や背景の変化により顔部分を正しく抽出できないことがある。顔形状のテンプレートマッチングによる方法は，撮像画面内を顔形状のテンプレートで走査してパターンマッチングにより顔部分を検出するものである。しかしこの方法では計算量が大きくなりリアルタイムで処理するのは難しい。

② では，目や口のような顔器官を抽出しその特徴点の位置変化を特徴量とするもの，顔器官の輪郭形状の変化を特徴量とするもの，顔の皮膚表面の移動を特徴量とするもの等がある。顔器官を抽出する方法では，顔領域から輝度情報を用いて両眉，両目，口を抽出し，それらの端点や中心線の位置変化を特徴量とする。顔器官の輪郭形状を検出する方法では，SNAKE等の方法により顔器官の輪郭形状とその位置を検出しその変化を特徴量とする。顔の皮膚表面の移動を検出する方法では，オプティカルフローと呼ばれる輝度の変化をとらえてその移動を特徴量とするものがある[79]〜[83]。

③ では，特徴量から表情を推定する方法として，ルールによる推定，隠れマルコフモデルによる推定，ニューラルネットワークによる推定等がある[84]。ルールによる推定手法では，心理学分野の表情研究で用いられている FACS と呼ばれる表情記述手法がよく用いられる[85]。FACS は表情を AU（action unit）と呼ばれる動作が独立で視覚的に識別可能な動作単位の組合せとして定性記述するものである。

4.7 アフェクティブインタフェースへの発展

（2）顔表情認識の実例[86]　顔の動画像をCCDカメラで撮像し，その表情をリアルタイムで認識する実例として，顔表面の変化と表情との関係の記述にFACSを用いる方法を紹介する．図4.28にその画像処理の流れを示す．ここではまず顔の中の，目，眉，口の各端点に設定した18個の特徴点を画像処理によって抽出し，それらの位置関係を表す16個の特徴量を計算する．そして，顔の上部・中央部・下部の三つの領域において，その特徴点の変化量からファジィ推論によって，基本6表情が現れている強さを認識する．図4.29に「ほほえみ」の表情の認識例を示す．

　図中のグラフの横軸は顔表情動画像のフレーム番号で，縦軸は幸福，驚き，中立の三つの感情の度合いに対する推定尤度を表す．図の上部の顔画像は，原画像での中立の表情からほほえみ，そして驚きへと表情の移り変わりを示す．

（3）顔表情の合成　アフェクティブインタフェースでの顔表情の合成は，**擬人化エージェント**（personified agent）の顔表情を合成することが目的であり，その提示形態としては，物理的に表情を合成できる顔ロボットによるものもあるが，コンピュータのディスプレイに顔の線画，2次元顔画像，3次元顔画像等をアニメーション表示するものが多い．顔の映像についても似顔絵，漫画的な顔，顔写真，平均顔画像等のさまざまな種類がある．3次元顔形状モデルに顔写真を貼り付けて，表情変化に合わせて形状モデルと顔写真を変

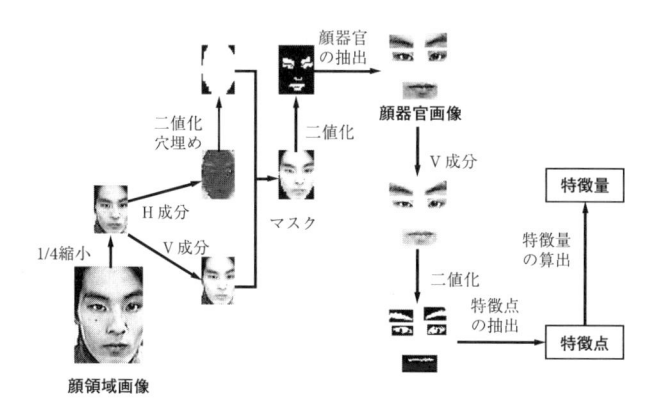

図4.28　顔表情の画像処理の流れ

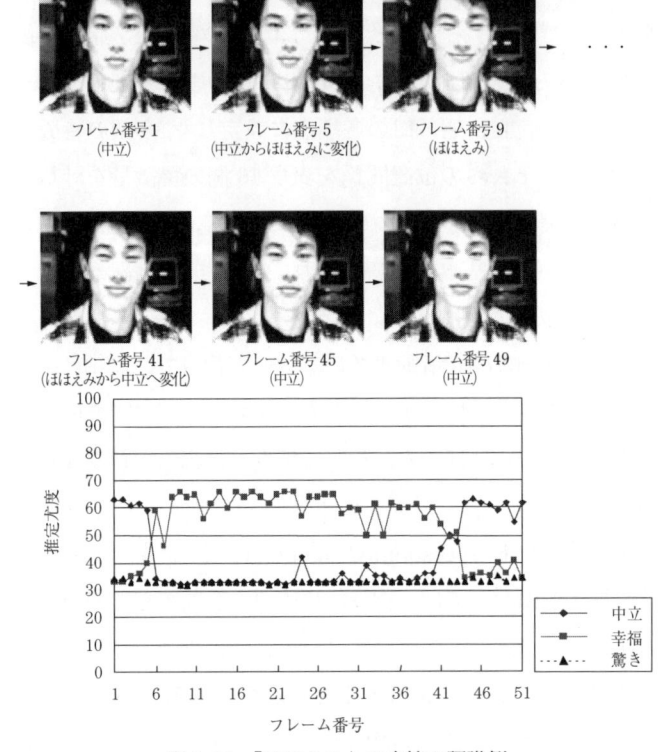

図4.29 「ほほえみ」の表情の認識例

化させる方法が最もリアルであり，コンピュータの計算能力や表示能力が向上している現在，リアルタイムで上記の処理を行うことは困難ではなく，さまざまな顔表情を合成することが可能である．しかしアフェクティブインタフェースに応用する場合，必ずしもリアルな顔画像が必要というものではない．

（4）　**顔表情合成の実例**[87]　　顔表情の合成には

① 表情を顔画像の動作に変換する

② 顔画像を変形してアニメーションとして表示する

の二つのステップがあり，合成した顔表情を利用する目的によりさまざまな方法が提案されている．

ここでは，**筋肉モデル**（muscle model）を利用した**顔表情合成**（facial

expression synthesis）の事例を紹介する．この表情合成手法は，図 4.30 に示すような 882 ポリゴンからなる 3 次元顔形状モデルに顔写真のテクスチャを貼り付け（図 4.31），表情の表出に合わせてポリゴン頂点を移動させることによりリアルタイムで表情をアニメーションとして表示するものである．

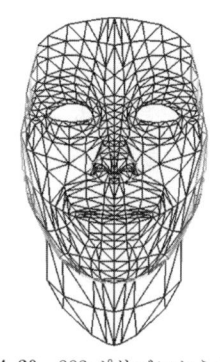

図 4.30　882 ポリゴンからなる 3 次元顔形状モデル

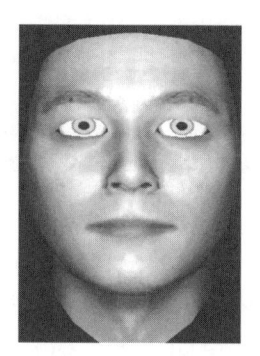

図 4.31　顔写真のテクスチャを貼り付けた 3 次元顔モデル

人間の表情は，顔の皮膚の下にある数十の表情筋の収縮と弛緩や顎骨の移動によって皮膚表面が移動し表出される．そこで図 4.32 に示すような主要な表情筋 29 種類の動きによる皮膚表面の移動をシミュレーションして顔表情として提示する．具体的な手順は以下である．

① 表情を顔画像の動作に変換する：表情は**アクションユニット**（action unit；AU）と呼ぶ，例えば眉根を寄せる，唇を大きく開けるなどの，顔表情の動きの単位要素の組合せで表すことができる．ここでは，表出すべき表情をまず AU の組合せとして表現し，各 AU に対応した表情筋の収縮に変換する．しかし AU は本来定性的な表現であり，AU により表情筋をどれぐらいの速さでどれぐらい収縮させるかが問題である．この研究では被験者実験を繰り返し自然に見える収縮率と時間変

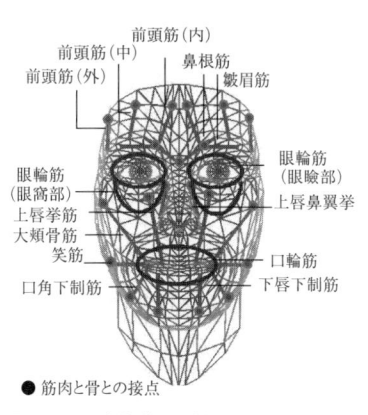

図 4.32　表情筋 29 種類の動きによる皮膚表面の移動

化量を表情毎に求めている。

② 顔画像を変形してアニメーションとして表示する：表情筋の収縮による3次元顔ポリゴンモデルの頂点を移動させ，ポリゴンモデルを変形させる。表情筋は大きく分けて線形筋と括約筋があり，それぞれの収縮をモデル化することにより近傍のポリゴン頂点を移動させる。モデル化には計算処理の容易さからウォーターズ (Waters, K.) の提案する方法[88]を用いたが，詳細なバネモデル[89]も提案されている。一方，口を開ける動作は顎骨が顎関節を中心に回転するのに従って顎表面の皮膚が移動するものであり，前述の表情筋モデルでは表現できない。そのためパラメータ法を用いて顎部分のポリゴン頂点の移動をモデル化している。

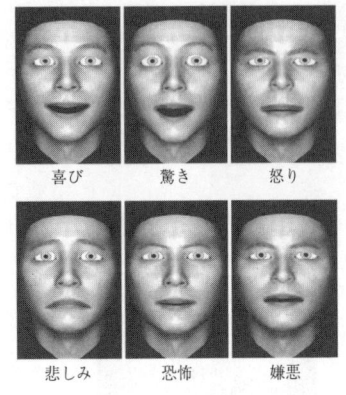

図4.33 合成した顔表情の例

以上のような方法により合成した顔表情で六つの基本感情を表現した例を図4.33に示す。

4.7.3 アフェクティブインタフェースの課題

アフェクティブインタフェースは「機械と人の円滑なコミュニケーション」や「人の感情に適応する」の実現を目標にしているが，それは具体的に何を実現しようとしているのだろうか。ここでは，アフェクティブインタフェースの入力チャネルと出力チャネルに分けてその具体的な目的を考察し，その具体的な応用分野と実現に向けた課題を述べる。

アフェクティブインタフェースの感情入力チャネルは，人が発するシグナルから感情を認識するものであるが，この目的として人の意図や動機を推定すること，および感情が誘発する認知的なバイアスや身体的な変化を推定することが挙げられる。感情は人の行動を動機付けるものであり，機械を操作する人の感情を認識すれば，明示されない人の意図や動機を推定することが可能とな

り，それに即した対応ができる。また，人の認知や身体に影響を与える強い情動生起を推定できれば人の思考や操作能力の低下を予測することもできる。

一方，出力チャネルは，人に感情を表すシグナルを提示するものであるが，この目的としてここでは以下の三つについて考える。

① 親しみやすいインタフェースを実現する。
② 情報を直感的に分かりやすく表現する。
③ 共感ないし反発する感情を表示して人の感情をコントロールする。

① は，感情を表出することで，機械の操作に慣れていない人や機械に心理的な障壁を持っている人に親しみを感じてもらい，使ってみようという気にさせるものである。これはペットロボットが人工的な感情を持っていることと基本的に同じ考え方である。

② は，機械側から人へ情報を提示する際に，情報を感情に変換する，あるいは感情により提示情報を補足するものである。人は生まれつき他人の感情を認識して意図を推定する能力を持っているが，これを活用することにより情報そのものやその情報を意味するところを直感的に分かりやすく提示する。

③ は，人が他人の感情に共感したり反発するという特性を活かして人の感情をコントロールし，動機付けなどに応用するものである。ただし，これはマインドコントロールにもつながり，倫理的に問題かもしれないので注意が必要である。

アフェクティブインタフェースの入力チャネルと出力チャネルをうまく組み合わせば，将来さまざまな分野への応用が可能であるが，その有力な方向は，感情も扱うマルチモーダルの擬人化エージェントの実現であろう。擬人化エージェントは従来の直接操作型のインタフェースではなく，人からの指示を実行する間接指示型インタフェースである。指示の方法は人同士のコミュニケーションと同様に，言語，身振り，表情等のモダリティを使用する。これにより擬人化エージェントに操作意図を伝えるだけで，高度に複雑化してきた機器を簡単に操作できそうである。また，機器が高度に自動化されているような場合，機器の情報を提示する際にその制御意図を分かりやすく人に伝えることが可能

となる。このように擬人化エージェントに感情を認識/提示する機能を付加すれば人にとって信頼できるパートナーとなることも期待できよう。

アフェクティブな擬人化エージェントの具体的な応用分野としては，航空機やプラントのような大規模工学システム制御のパートナー，情報機器操作のナビゲータ，教育訓練分野における家庭教師やインストラクタ，娯楽分野のエンターテイナー等が挙げられる。

──────── 演 習 問 題 ────────

【問 4.1】 いくつかのニューロンが直列に接続されているときに，あるニューロンの出力がそのニューロンより前にあるニューロンの入力としてフィードバックされることが，人の脳の記憶を説明している。このことを計算機の論理回路による記憶の構成の対比から説明せよ。

【問 4.2】 被験者によるヒューマンインタフェースの評価実験時に，被験者の心理状態やその変化をとらえるため，生理指標以外に重要な二つの指標を挙げて説明せよ。

【問 4.3】 心拍数（HR）が変化するメカニズムについて説明し，HRが上昇する心的要因，および，減少する心的要因を述べよ。

【問 4.4】 ヒューマンインタフェースを操作時のメンタルワークロードを推定する方法を複数挙げて説明せよ。

【問 4.5】 眼球運動のうち，輻輳運動，開散運動，追従運動，跳躍運動について説明せよ。

【問 4.6】 心理的活動が瞳孔径変化に与える影響について説明せよ。

【問 4.7】 発話報告は口に出しながら問題を解くことで問題を解くこと自体が妨害されることもあり，逆に問題を解く作業が促進される側面もあるというが，どのような場合に発話報告が課題解決を妨害されるか，また問題解決を促進できるかを説明せよ。

【問 4.8】 皮膚伝導率の変化を検出するセンサを手のひらにつけ，これと頭部装着のビデオカメラを接続する方法はどんなことに役立つと思うか説明せよ。

【問 4.9】 人が何らかのタスクを行うと脳波はどのように変化するか。またそのタスク遂行への集中度，注意力は意識レベルで変動するので脳波状態を見てヒューマンエラーを防止するにはどうすればよいかを考察せよ。

【問 4.10】 図 4.24 に示した状態遷移モデルを解く客観的な難しさを，1回の状態遷移当たり平均情報量と考えて計算せよ。ただし，被験者が1回の試行で key 1, 2, 3 のいずれを選択するかは他の試行とは独立と仮定する。

5. 知的社会エージェント

　最近 AI のソフトウェア研究では，**道具メタファー**（tool metaphor）から**エージェントメタファー**（agent metaphor）へ転換している。道具はユーザが主体的に使いこなすものでユーザが関わらない限り何の反応もしないので生きた事物でない。一方，エージェントとはユーザがそれを認識していなくても自律的に積極的に反応するので，まるでロボットのように生きている事物である。パソコンがネットワーク化し，ネットワークの中でこのようなエージェント処理が普及し，マルチエージェントシステムがユビキタスコンピューティング社会の主役となってきた。このようなコンピュータネットワーク上のマルチエージェントシステムは，さまざまな職務を分担する多数のエージェント群の連携で構成されるが，ユーザである人との接点になるものはインタフェースエージェントと呼ばれる。そしてこのようなインタフェースエージェントは，人との親和性から見かけのうえで擬人化した形態をとり，人との対話交流のために社会性，社会的知性を具備させようとしている。そこでこのような**インタフェースエージェント**（interface agent）を**知的社会エージェント**（socially intelligent agent）と名付ける。
　本章では知的社会エージェントのための心理的・生理的基礎知識を展望し，その応用を紹介する。

5.1　知的社会エージェントとは[90]

　知的社会エージェントのための AI 研究には，二つの方向がある。現実の人間社会での**社会的知性**（social intelligence）とそのプロセスをエージェントに持たせようとする**深い AI アプローチ**（deep AI approach）に対し，それ自

身には深い社会的知性があるわけでないが，ユーザにそれがあるように見せかける，あるいはそのような印象を与える振舞いをエージェントにさせようという**浅いAIアプローチ**（shallow AI approach）がある。ここでは知的社会エージェントを，おもに浅いAIアプローチで，ユーザにある種の効果と体験を生成することを目的とし，深いAIアプローチによる社会的知性の生成は，それが必要とする状況や意味のあるときにだけ考えようという立場で考察する。

人は日常生活で他人の行動を理解し，説明するのにニューロンレベルまでさかのぼって考えているわけでなく，感覚，信念，情動，意図，特徴，状況などを重視している。そういう意味で知的社会エージェントは，現実の（普通の）人間社会での社会的知性のベースとして**大衆心理**（folk psychology）のモデルを参考にすればよいが，ユーザが感じる社会的知性の出現や体験は，知的社会エージェントの技術とユーザの実際の社会的知性とのインタラクションによって生じるものでなければならない。知的社会エージェントが効果をもたらす構図は，**図 5.1**のように示すことができる。

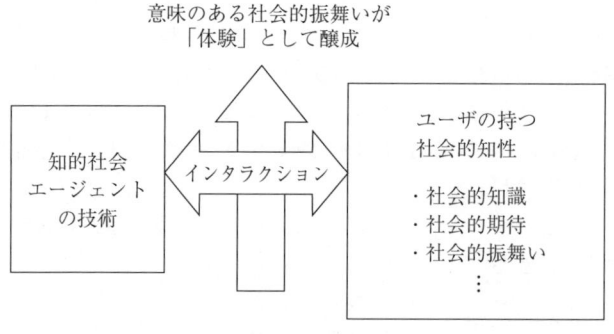

図 5.1 知的社会エージェントが効果をもたらす構図

5.1.1 知的社会エージェントの設計目標

そこで，有効な知的社会エージェント技術を設計するには，つぎの二つが問題となる。

① 実際の人々の間の交流ではどのような社会的知性を用いているのか？

5.1 知的社会エージェントとは

② それをインタフェースエージェントに組み込ませる設計手法はどうあるべきか？

その答えは，以下のように言えるだろう．

① 知的社会エージェントの振る舞いが人の社会的知性から見て状況にふさわしいこと．

② 人の基本的な社会的能力である**共感**（empathy）に訴えられること．

ここで共感とは，他人の考えや心の内面を，知覚，認知，情動のそれぞれのレベルで理解できることである．知覚では，人がどこを見ているか，またどのように見ているか，認知では，人が他人の考え，意図，感情をどのように理解しているか，情動では，頭の中で理解するだけでなく，他人の状態を共有できること，が求められている．

以上のような知的社会エージェント設計の目標に参考にするため，つぎのような四つの観点から，社会的現実から見た人の社会的知性の諸相と知的社会エージェントへの必要な機能を考える．

① 視覚的な形と行動への予期
② 基本的な心理と大衆心理の知識
③ 個性
④ 親密関係を作る

5.1.2 視覚的な形と行動への予期

まず，ここでは人の現実世界から見た社会的知性のレベルと知的社会エージェントにとって最も大事なその視覚的な形と振る舞いへの要請について述べる．

（1） 意志のあるもののように見せかける　人には，見るものが意志を持っているものかそうでないかを無意識的に見分ける本質的能力が備わっている．そして見るものが自分の意志を持っていると思うと，それに対して社会的な興味と期待がわいてくるが，そうでなければ「死んだもの」として無視してしまう性質がある．そこで生きているなと人に思わせる要素だが，少なくとも三つの鍵がある．

その1番目の鍵は,「環境中を自分で動きまわる」という動きの要素である。赤ちゃんもハイハイができるようになると,前に進む,後退するのに自分の意志が働いている。ロボットであれ,画面中を動くインタフェースエージェントであれ,動きのあるものは自分の意志があるものとみなされやすい。また,その動きが人の動きの性質に合っているほど共感を呼びやすい。

つぎの鍵は,顔と体の視覚的な形である。それは必ずしも,写真のように忠実でなくてもよい。マンガのような簡略化した顔でも,人には顔のスキーマを知覚させるし,体の動きでも線画のようなものでもよい。ただし,共感を呼ぶためには,環境中でそのものが他と区別できる形,振舞いが必要である。

三つ目の鍵は,声である。声があるかないかで,特に意志があるかどうかに大きな印象を与えるうえに,声の質によって共感を与える程度が異なってくる。声の要素は重要である。

(2) 身振り　人と人との交流では,顔,体,両手の身振りによる**ノンバーバルコミュニケーション**(non-verbal communication)が重要なチャンネルになっている。その例を表5.1に示すように,身振りによる**標識**(emblem)はじつに多彩である。

また,身振りの生成では忠実な図形表示でなくても,文脈に応じて適切なタイミングで身振りを生成することが社会的知性を示す主要な要素である。また,共感を呼ぶためにはユーザの反応を見る能力を賦与させることが大事である。

表5.1　顔,体,両手の身振りによるノンバーバルコミュニケーション[90]

種類	意味
言葉に代わる標識	肯定(うなずく),否定(首を振る,手を振る) OK(親指を立てる,など)
会話の中のシグナル 会話に伴う動き	会話のアクセントづけ,強調 (まゆを上げるなど)
手による身振り	指し示す,形を想像させるなど
区切り	話の区切り
調整	会話の流れの転換
聞き手の反応	聴者からのフィードバック(うなずきなど)
感情の表示	情動や個性の表現

（3）視　　線　　人のノンバーバルな行動では**視線**（gaze）は主要な役割を担っている．特に，顔への視線では，目を見る，アイコンタクトする，視線をそらす，じろじろ見るといった振舞いにより，相手との空間的間合いの調整，社会的関係の設定，引用や考え，意向の伝達，心の状態，個人的特徴，社会的地位などを伝え合い，注意深さ，他人への引き付け，親しみ，信頼感，支配ないし服従などを表現している．

　これは知的社会エージェントの視線の振舞いが重要なことを示しているが，そのシグナル生成では，それを生じさせる文脈をつねに考慮することが大切である．お互いに単に相手の目を見るアイコンタクトと，さらに相手に何らかの自分の意志を伝えようとする**指示的な視線**（deictic gaze）との差を知るために，知的社会エージェントに人の視線を検出する機構を持たせることが必要である．これには，つぎのような機能の生成が必要である．

① 他人の目をその人の主要な特徴として判断する．
② 他人の目の向きを指示的な視線として認識する．
③ できれば，その目がどこを見ているかがわかれば望ましい．これは，見つめる人の意図，対象への興味を知る手がかりとなる．

（4）**個人同士の空間のとり方**　　人と人との距離は，親密さなどの関係で異なってくる．

5.1.3　基本的な心理と大衆心理の知識

　相手の基本的な生活維持上の心身状態（ニーズ，欲求，感情，痛みなど）を理解することは，日常的にお互いに配慮しあう行動の基本である．この基本的な配慮のうえに，いわゆる大衆心理に関する知識が他人の行動を知るうえで洗練された方法を与える．大衆の行動を説明する心理モデルは，**図5.2**に示すようなもので，人の意図，目標，信念，情動，欲求のような心の状態をその人の置かれた状況，文脈に応じて推測するうえで，整合性がありよく構造化された，意図と行動，信念―欲求―推理の相関を説明するモデルである[91]．これは**図5.3**のように考えてみるとより理解しやすいだろう[92]．

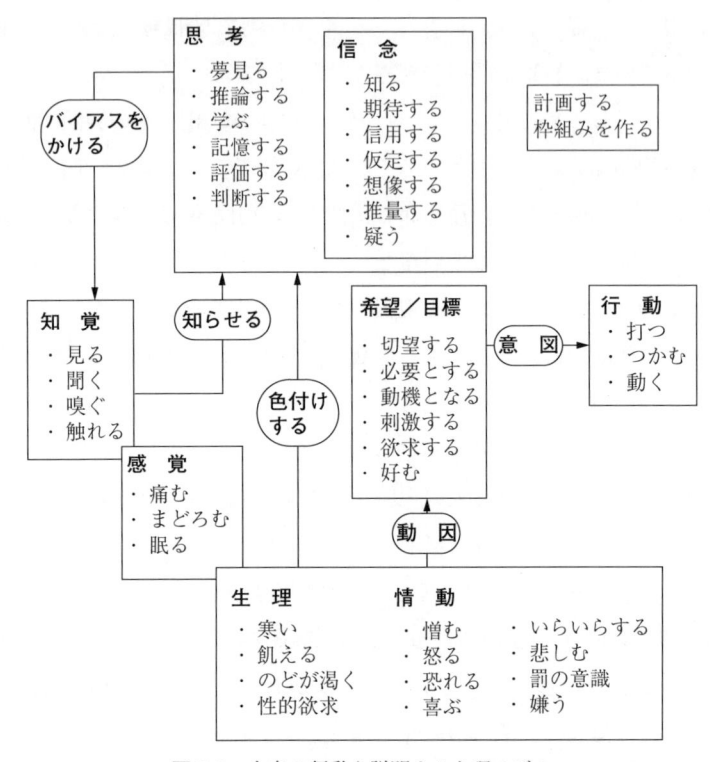

図 5.2 大衆の行動を説明する心理モデル

思考
- 夢見る
- 推論する
- 学ぶ
- 記憶する
- 評価する
- 判断する

信念
- 知る
- 期待する
- 信用する
- 仮定する
- 想像する
- 推量する
- 疑う

計画する
枠組みを作る

バイアスをかける

知覚
- 見る
- 聞く
- 嗅ぐ
- 触れる

知らせる

色付けする

感覚
- 痛む
- まどろむ
- 眠る

希望／目標
- 切望する
- 必要とする
- 動機となる
- 刺激する
- 欲求する
- 好む

意図

行動
- 打つ
- つかむ
- 動く

動因

生理
- 寒い
- 飢える
- のどが渇く
- 性的欲求

情動
- 憎む
- 怒る
- 恐れる
- 喜ぶ
- いらいらする
- 悲しむ
- 罰の意識
- 嫌う

このような大衆心理の知識フレームは文化によっても変わるが，だいたいのところは同じで，人はこのフレームからはずれる人を見ると，他人，子どもじみた奴，気違いじみた奴，精神病，外人さんとみなしたがる．だから，知的社会エージェントもこのフレームから沿った振舞いを示すようにすれば，理解されやすいだろう．顔の表情や皮膚電位反応に現れる情動反応を信号分析する感情の計算論[68)]が実用化されれば，人によって異なり得るユーザの評価を測ることが可能になり，知的社会エージェントの個別対応なフィードバックが可能となるだろう．

5.1.4 個　　　　性

個性とは，短期的な信念や情動の発生とは異なって安定的で持続的な人の特

5.1 知的社会エージェントとは

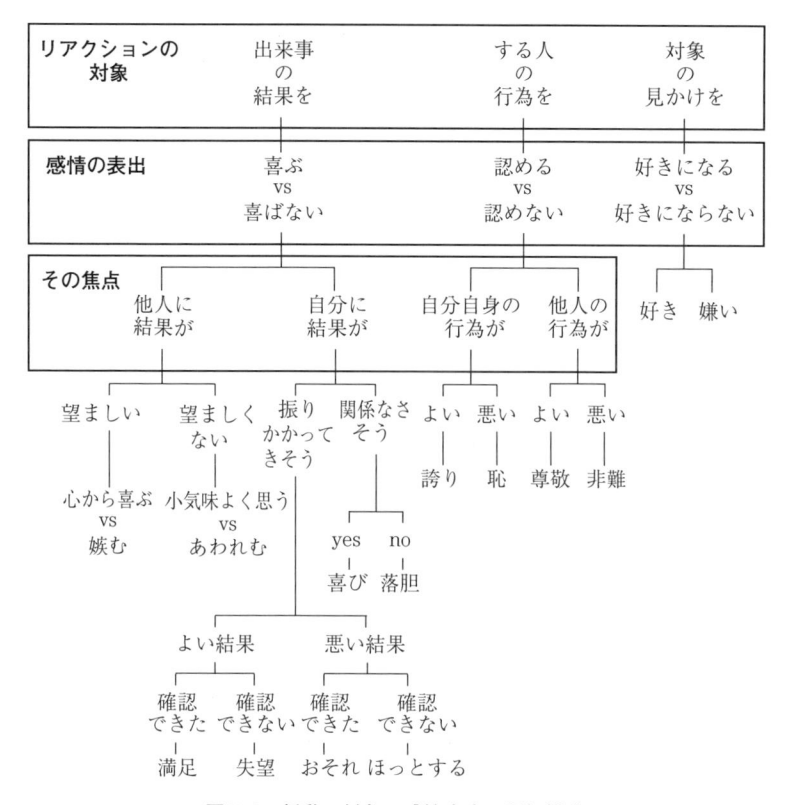

```
リアクションの    出来事              する人            対象
  対象            の                 の               の
                 結果を              行為を            見かけを

感情の表出        喜ぶ               認める            好きになる
                 vs                 vs               vs
                 喜ばない            認めない          好きにならない

その焦点    他人に    自分に      自分自身の  他人の      好き  嫌い
           結果が    結果が      行為が      行為が

    望ましい  望ましく  振り      関係なさ   よい 悪い  よい 悪い
              ない    かかって    そう
                     きそう      
                                          誇り 恥  尊敬 非難
    心から喜ぶ 小気味よく思う  yes  no
    vs        vs              喜び 落胆
    妬む      あわれむ
    
              よい結果     悪い結果
              
           確認  確認    確認  確認
           できた できない できた できない
           満足  失望    おそれ ほっとする
```

図 5.3 行動の対象と感情表出の認知構造

徴を表すので，他人とは異なる特徴を一言で表すものと言えよう．この個性の分類には，二つの方法がある．

（1）**個性の特徴スキーム** これは他人の行動を理解し，説明する方法として，特徴（trait）の形で表現するものである．これは要するに人の特徴を外向性，内向性，自己抑制できる人かできない人かに分けるものだが，カンターとミッシェル（Canter & Mischel）による方法[93]で分類した人の個性と振舞いの傾向の対比を示すと，**表 5.2** のようになる．知的社会エージェントでもこのような人の個性の特徴を取り入れて行動を設計すると理解されやすいだろう．

（2）**社会的役割スキーム** これは人の個性をその人の果たす**社会的役割**（social role）から類型化して，**表 5.3** のように分類するものである．人は相

表 5.2　個性によって異なる振舞い[90]

個　性	振舞いの傾向
好奇心の高い人	知覚の仕方で信念の変化が多い
偏見の大きい人	自分の信念で知覚にバイアスがかかる
下劣な人	反省や罪意識，恥の意識がうすい
楽観的で自信のある人	自己抑制が高い人
悲しげな人	怒りにより不満や嫌悪の情動を示す
衝動的な人/考えの足りない人	思考や信念が少なく希望的観測で行動する
夢見る人	希望はもっているが意志堅固な行動はしない

表 5.3　社会的役割による人の類型化[90]

分類法	例
職業分類	医者，給仕，警官，学者，コック，農夫，バス運転手　等
家族の役割分類	母親，父親，子供，いとこ，おじ，おば，愛人　等
社会的ステレオタイプ	民族（日本人，ラテン人） 性別（男，女，ホモ） 社会階級（上流階級，労働者階級）
誇張表現	フィクションの世界で出てくる強烈な個性(道化師，英雄，悪党，狂った科学者，コンピュータおたく，探偵，…) 歴史上の人物（ナポレオン，ヒットラー，…） 文化上の人物（キリスト，サンタクロース，オデッセイ）

手の社会的役割からある種の予期を抱くから，知的社会エージェントでもこれを用いれば，個性の表現が簡単にできるので，おおいに持ち込めばよいが，これの導入により，差別的思考や行為が働かないようにする配慮も必要である．

5.1.5　親密関係を作る

人々の日常の社会生活では，人に認知的な予期を寄せるだけでなく，人と**親密な関係**（friendly relation）を作ろうとする．このような社会的な親密関係は認知に基づいた生活経験から生じる．そこではまず他人の振舞いの認知と道徳的判断が親密感を引き起こし，共感を抱くようになってそれが長く継続すれば親密関係に至る．一連の出会いと状況の結果として友情感情や恋愛感情のような感情経験が含まれている．

知的社会エージェントがこのような深い社会的関係を創造するには，どのようにしたらよいだろうか．優れた映画や名作の作家は，創作上の人物がそれを見るものや読むものに深い共感や感情を引き起こすための虚構の筋書きを展開できるような優れた技能を持っている．インタラクティブではあるが筋書きどおりの世界を導くことが難しい知的社会エージェントでは，そのような物語の展開を前もって行えないところが難しい．一つの方向として，知的社会エージェントとユーザが一つの物語を共作するなど協働体験，協働関係の中でこのような持続的な親密関係が生じることも考えられる．

5.2 知的社会エージェントの応用例

ヒューマンインタフェースの分野での知的社会エージェントの応用は，大別してハードウェア（ロボット）とソフトウェア（アプリケーション）に分けられる．従来の人工知能研究の多くが，「人の知能行為を機械によって実現させようとする立場」から，「知的に解決しなければならない問題」を対象としているのに対し，知的社会エージェントの研究は，知能の中でも特に「社会性（社会的知能）」をどのように定義し，実現するかを研究の主眼としている．このため，多くの研究は浅い AI アプローチを取り，他者との円滑なコミュニケーション（社会的相互行為）を可能とするためには，知的社会エージェントがユーザの行動をどのように理解し対応するか，またその対応によって，他者にどのような効果と体験を与えるかが研究のおもな対象となっている．

以下では，知的社会エージェントのハードウェア，およびソフトウェアのおもな研究をそれぞれ概観する．

5.2.1 自律型ロボット

MIT Media Lab の**自律型ロボット**（autonomous robot）Kismet [94] は，社会の中で発達することを目指したロボットである（図 5.4）．Kismet は頭部だけのロボットであるが，人の感情の認識や人とのアイコンタクト，簡単な喜怒

図 5.4 自律型ロボット Kismet

哀楽の表現，対象物の追跡などができる．加えて，人の養育者の声（抑揚）や対象物の動きの量などから自分の感情（快・不快など）を調整し，それを口唇・眉毛などを動かしたり喃語（言語習得の最初期における発声）を出したりすることで養育者にフィードバックできる．このように相互に感情を調整し合う中で，養育者への効果的な働きかけの仕方を Kismet が自律的に探索し，社会的知能が養育者との相互行為の中で段階的に構成されることを目標としている．

社会的知能を獲得できる自律型ロボットの開発は，人とのコミュニケーションを行ううえで重要であり，社会的知能を持った社会的存在となることが期待できる．

5.2.2 身体的インタラクションロボット[95]

人の発話，音声に身体全体で反応する**身体的インタラクションロボット**（body interaction robot）である**インタロボット**が研究されている（図 5.5）．人と人との対面コミュニケーションでは，対話者相互に音声と動作・表情が同調する「引き込み現象」が存在するが，この引き込み現象をロボットに導入し，人同士のような円滑なインタラクションを支援するコミュニケーションシステムが目的である．

このようなインタロボットは，遠隔地間の人同士のコミュニケーションに利用できるものであり，話し手と聞き手の両機能を備えている．人からの語りかけに対して，ロボットが聞き手として頷き・瞬きや身振りなど身体全体で反応すれば，対話者である人はロボットに対しても円滑に話すことができる．ま

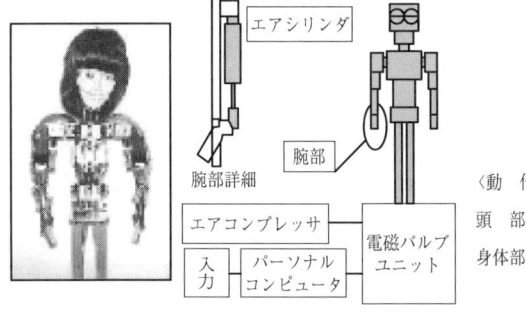

図 5.5　身体的インタラクションロボットの概要

た，話し手の機能として，人の発話者の音声系列に基づきその音声に関連付けて身体動作を生成し，音声と身体動作とを同時に提示することによって音声情報に込められた思いを効果的に表現することができる．この操作を相互に連続して行うことにより，人同士のコミュニケーションを支援する．

　遠隔地間の対話者同士の思いを伝え，心が通うコミュニケーションを可能とするインタロボットの仕組みを利用して，福祉，アミューズメント，通信などさまざまなメディアへの応用が期待される．

5.2.3　エンターテイメントロボット

　ペットロボットの代表例としてすでに市販されている犬型ロボット AIBO が挙げられる．AIBO は人と一緒に暮らしていく新しい楽しみを創造していくことを目指したロボットであり，音を聞く耳，色や形や距離の知覚する目，触られることを知覚できる頭を持ち，4本足で歩く．また，感情（喜び，悲しみ，怒り，驚き，恐怖，嫌悪）と本能（愛情欲，探索欲，運動欲，食欲）を持ち，経験や教育によって成長する．AIBO は動物の癒し効果を利用した治療（アニマルセラピー）にも利用されている[96]．動物の「癒し効果」を提供できる一方で，病気感染の心配がない，嚙みつかない，世話がいらないなど，機械としての特徴が利点となる．また，最近の2足歩行ロボットは，全身の関節を協調制御して，歩行や方向転換などの基本動作を行い，起き上がる動作や，片

足でバランスをとる動作，ダンス，ボールに近付いて蹴る動作など，さまざまな動作を実現できる．このほか，音声によるコミュニケーション，画像認識に基づいた応用動作が可能である．

これらの**エンターテイメントロボット**は，IT機器や通信機器と人間をつなぐインタフェースとして，家庭用電気製品やパソコンとの仲介役に加えて，介護など人の役に立つロボットとしての未来が期待されている．

5.2.4 顔ロボット[97]

顔ロボット（face robot）は，リアルな印象を人に与えるために開発された知能機械であり，実寸大で写実性のある表情を表出できる（**図5.6**）．顔の表情表出に加え，顎の回転中心を調べ，口の開閉を導入し，連続運転や眼球の動きを調整することによって自然な表情表出を目指している．さらにリアルさを追求するために，インタラクションの方法が検討されている．リアルな顔を持つロボットは，人のパートナーとして信頼関係を保つ必要がある場面への適用が期待できる．

図5.6　顔ロボット　　　　図5.7　手話ロボット

5.2.5 手話インタフェース[98]

障害者支援や福祉は，知的社会エージェントの応用が期待される分野である．**手話インタフェース**(sign language interface)は，コンピュータで手話の

表示を自動的に行うシステムで，手話・日本語間相互翻訳システムが開発され日本語から手話への翻訳のほか，手話から日本語への翻訳も可能である。日本語から手話への翻訳は，日本語文を分析して，単語ごとに区切り，手話辞書により手話単語を求める。そして，規則合成法を用いて手話画像を手話アニメーションにより表示する（図5.7）。一方，手話から日本語への翻訳は，**データグローブ**（data glove）で計測後手話をコードに変換し，手話辞書を検索して日本語単語に変える。この単語の並びを分析し，正しい日本語を表示する。手話画像を充実させるために，口による音声表現や表情，視線，瞬き，うなずき，姿勢などを動員することが目指され，豊かな表現が可能となる。手話アニメーションの作成できるシステムは，自治体のホームページ等で利用されている。

5.2.6 学習エージェント[99]

コンピュータを利用した教育は，近年，e-learning としてますます注目されているが，教育場面では他者の存在が重要な要素となるため，適切な役割を持たせた効果的な**学習エージェント**（learning agent）を設計・開発することが課題である。

生徒エージェントは，「学習者が他者に教える過程で自らもより深く学ぶことができる」という教育分野で効果が認められている原理を，学習支援システムに活用する擬人化エージェントである。自然な学習へのモチベーション実現のために，擬人化エージェントを「仮想生徒」とし，これに対して学習者が

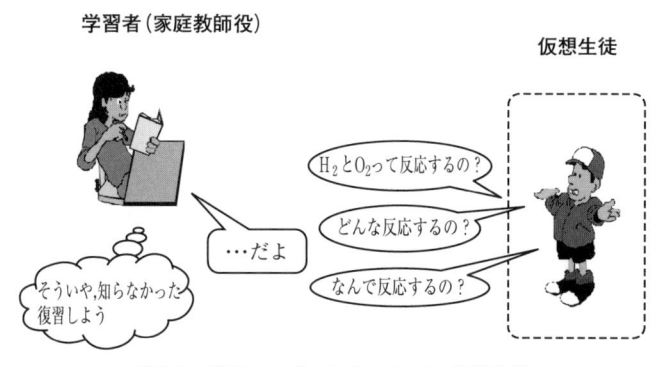

図 5.8　学習エージェントとしての仮想生徒

「家庭教師」役となり，対話的に仮想生徒に教授していくことにより，自らの学習が自然に深化されていくとともに，家庭教師役という**ロールプレイング** (role playing) による動機付け効果が期待される（**図 5.8**）。

このような擬人化エージェントの利用は，学習支援システムに対する親しみやすさを学習者に感じさせ，学習への動機付けを与えるとともに，適切な役割をもたせることで効果的な学習への利用が期待できる。

5.2.7　ネットワークコミュニケーションを支援するエージェント[100]

ネットワークを介したユーザ同士のコミュニケーションを社会エージェントを利用して支援する**キャラクタエージェント**（character agent）が研究されている。ネットワークを介したコミュニケーションでは，さまざまな心理的抵抗感が予想されるが，それらを緩和させ人々が集まるコミュニティに親しみやすさを感じさせるためにキャラクタエージェントを利用することの効果が期待される。キャラクタエージェントの利用には，ユーザの代理人となるアバターとコミュニケーションの際のヘルパーとして働いてくれるナビゲータとしての役割が考えられる。アバターの利用により，楽しみながらコミュニケーションすることが可能となり，ナビゲータはユーザに直接働きかけ，さまざまな支援を行う。

ネットワーク通信の高速大容量化は，今後ますます進展して家庭にまで浸透し，さまざまな生活場面でのネットワークを介した社会エージェントと人とのコミュニケーションは，ロボットの形であれ，ディジタルテレビ，パソコン，携帯等のディスプレイ上のエージェントであれ，IT 時代のさまざまな人々の生活を支援し，豊かにするためにさまざまに応用されることが期待される。

———— 演　習　問　題 ————

【問 5.1】　図 5.3 の意味を説明せよ。
【問 5.2】　知的社会エージェントを自分の携帯に組み込んでどんなことがしたいか考えよ。
【問 5.3】　生理指標の計測を用いるアフェクティブインタフェースの例をいくつか挙げよ。

引用・参考文献

1) 上野直樹："道具のエコロジー"，加藤　浩・有元典文（編著）シリーズ状況論的アプローチ2　認知的道具のデザイン，金子書房（2001）
2) D.A. Norman："The Psychology of Everyday Things", Basic Books (1988)［野島久雄（訳）："新曜社認知科学選書　誰のためのデザイン？―認知科学者のデザイン原論"，新曜社（1990）］
3) 行場次朗，箱田裕司編著："知性と感性の心理　認知心理学入門"，福村出版（2000）
4) 増山英太郎："心に浮かぶイメージをはかるSD法の理論と応用"，産業科学システムズ（1996）
5) 相良守次："心理学概論"，岩波書店（1968）
6) J.A. Fodor："The Modularity of Mind", MIT Press (1983)［伊藤笏康，信原幸弘（訳）：精神のモジュール形式，産業図書（1985）］
7) 加藤　隆："認知インタフェース"，オーム社（2002）
8) 石井　裕："タンジブル・ビット"，情報処理学会誌，**43**-3（2002）
9) S.K. Card, T.P. Moran, A. Newell："The Psychology of Human-Computer Interaction", Erlbaum Associates (1983)
10) G.A. Miller："The Magical Number Seven, Plus or Minus Two: Some Limits on Our Capacity of Processing Information", The Psychological Review, **63**, pp.81-97 (1956)
11) F.I.M. Craik, R.S. Lockhart："Levels of Processing: A Framework for Memory Research", Journal of Verbal Learning and Verbal Behavior, **11**, pp. 671-684 (1972)
12) 太田信夫（編）："エピソード記憶論"，誠信書房（1988）
13) 溝口理一郎："オントロジー工学序説―内容指向研究の基盤技術と理論の確立を目指して"，人工知能学会誌，**12**-4, pp.559-569（1997）
14) U. Neisser (Ed.)："Memory Observed: Remembering in Natural Contexts", W.H. Freeman and Company (1982)［富田達彦（訳）："観察された記憶（上）自然文脈での想起"，誠信書房（1988）］
15) M. Minsky (Ed.)："Semantic Information Processing", MIT Press (1968)

16) H. Gardner："The Quest for Mind—Piaget, Levi-Strauss, and the Structuralist Movement", University of Chicago Press (1972) ［波多野完治, 入江良平（訳）："ピアジェとレヴィ-ストロース　社会科学と精神の探求", 誠信書房（1975）］
17) M. Minsky："A Framework for Representing Knowledge", In P.H. Winston (Ed.)："The Psychology of Computer Vision", McGraw-Hill (1975)
18) R.C. Schank："Dynamic Memory. A Theory of Reminding and Learning in Computers and People", Cambridge University Press (1982) ［黒川利明, 黒川容子（訳）："ダイナミック・メモリ―認知科学的アプローチ", 近代科学社（1988）］
19) 川村久美子："概念とカテゴリー", 心理学評論, **29**-4, pp.461-492（1986）
20) 市川伸一："イメージと理解", 佐伯　胖（編）：認知心理学講座3「推論と理解」, 東京大学出版会（1982）
21) 仲谷善雄："図による推論の研究の最新動向", 人工知能学会誌, **9**-2, pp.210-215（1994）
22) 仲谷善雄："事例ベース推論の動向", 人工知能学会誌, **17**-1, pp.28-33（2002）
23) J. Rasmussen："Information Processing and Human-Machine Interaction：An Approach to Cognitive Engineering", North-Holland (1986)
24) 松原　仁："フレーム問題をどうとらえるか", 日本認知学会編, 認知科学の発展, **2**, pp.155-187, 講談社（1990）.
25) D.R. Hofstadter："Godel, Escher, Bach：An Eternal Golden Braid", Basic Books (1979) ［野崎昭弘, はやしはじめ, 柳瀬尚紀（訳）："ゲーデル, エッシャー, バッハーあるいは不思議の環", 白揚社（1985）］
26) W.B. Rouse："Human Problem Solving Performance in a Fault Diagnosis task", IEEE Transactions on Systems, Man, & Cybernetics, SMC 8-4, pp.258-271 (1979)
27) J.J. Gibson："The Ecological Approach to Visual Perception", Lawrence Erlbaum Associates (1979) ［古崎　敬, 古崎愛子, 辻敬一郎（訳）："生態学的視覚論―ヒトの知覚世界を探る", サイエンス社（1986）］
28) L.A. Suchman："Plans and Situated Actions：The Problem of Human Machine Communication", Cambridge University Press (1987) ［佐伯　胖（監訳）："プランと状況的行為―人間―機械のコミュニケーションの可能性", 産業図書（1999）］

29) M. Polanyi："The Tacit Dimension", Routledge & Kegan Paul Ltd. (1966) ［佐藤敬三（訳)："暗黙知の次元―言語から非言語へ", 紀伊國屋書店（1980)］
30) 上野直樹（編著)："シリーズ状況論的アプローチ1「状況のインタフェース」"金子書房（2001）
31) P. Fitts："Human Engineering for an Effective Air Navigation and Traffic -Control System", Ohio State University Research Foundation (1951)
32) E.A. Fleishman, M.E. Reilly："Handbook of Human Abilities Definition, Measurements, and Job Task Requirements", Consulting Psychjologists Press, Inc. Palo Alto (1992)
33) 海保博之（編)："「温かい認知」の心理学", 金子書房（1997）
34) 大林史明, 山本　専, 伊藤京子, 下田　宏, 吉川榮和："コンピュータを利用した総合学習支援システムの設計・試作および主観評価と活用法の考察", 情報処理学会論文誌, **43**-8, pp.2764-2773（2002）
35) 伊藤京子, 鮫島良太, 松井康司, 冨田大輔, 吉川榮和："環境問題のジレンマを学ぶための議論支援システムの高等学校の授業への適用と評価", ヒューマンインタフェース学会論文誌, **6**-1, pp.9-18（2004）
36) D.E. Embrey, J. Reason："Generic Error Modeling System", Proc. ANS International Topical Mtg on Advances in Human Factors in Nuclear Power Systems, Knoxville, p.292（1986）
37) 吉川榮和, 下田　宏："ヒューマンインタフェースの心理と生理―第1回 認知的アプローチ", ヒューマンインタフェース学会誌, **1**-2, pp.2-13（1999）
38) 吉川榮和, 古田一雄："ヒューマンインタフェースの心理と生理―第3回 統合的アプローチ", ヒューマンインタフェース学会誌, **2**-1, pp.6-17（2000）
39) E. Hollnagel："Human Reliability Analysis：Context and Control", Academic Press, London（1993）
40) D.D. Woods, E.M. Roth, H. Pople："An Artificial Intelligence Based Cognitive Environment Simulation for Human Performance Assessment", NUREG/CR-4862(1987)
41) M. Lind：Modeling Goals and Function of Complex Industrial Plants, Applied Artificial Intelligence, **18**-2, p.259（1994）
42) K. Furuta, S. Kondo：An Approach to Assessment of Plant Man-Machine Systems by Computer Simulation of an Operator's Cognitive Behavior, International Journals of Man-Machine Studies, **39**-3, pp.473-493（1993）
43) J.L. Peterson："Petri Net Theory and the Modeling of Systems", Prentice

-Hall, New York (1981)
44) H. Yoshikawa, T. Nakagawa, Y. Nakatani, T. Furuta, A. Hasegawa : "Development of an Analysis Support System for Man-Machine System Design Information", Control Engineering Practice, 5-3, pp.417-425 (1997)
45) H. Ishii, W. Wu, D. Li, H. Shimoda, H. Yoshikawa : "Development of a VR -based Experienceable Education System ― A Cyber World of Virtual Operator in Virtual Control Room", Proc. 3 rd World Multiconference on Systems, Cybernetics and Informatics and the 5 th International Conference on Information Systems Analysis and Synthesis, 1, pp.473-478 (1999)
46) J. Reason : "Human Error", Cambridge University Press (1990)
47) E. Hollnagel : "Accident and Barriers", In : J.M. Hoc, P. Millot, E. Hollnagel, & P.C. Cacciabue (Eds), Proc. Les Vallenciennes, 28, Presses Universitaires Vallenciennes, pp.175-180 (1999)
48) ジェームズ・リーズン著（塩見弘監訳，高野研一，佐相邦英訳）："組織事故 ―起こるべくして起こる事故からの脱出"，日科技連出版社（1999）
49) D. Swain, H.E. Guttmann : "Handbook of Human Reliability Analysis with Emphasis on Nuclear Power Plant Applications", NUREG/CR-1278, U. S. NRC (1983)
50) T.B. Sheridan : "Telerobotics, Automation, and Human Supervisory Control", The MIT Press (1992)
51) L. Bainbridge : "The ironies of automation", In : J. Rasmussen, K. Dancan and J. Leplat (Eds.) "The Psychologist : Bulletin of the British Psychological Society", 3, pp.107-108 (1988)
52) 吉川榮和："マンマシンシステム高度化への基礎研究"，京都大学原子エネルギー研究所彙報　第 86 輯，pp.1-12（1994）
53) T.B. Sheridan : "Supervisory control, Handbook of human factors", Wiley, pp.1295-1327 (1997)
54) Y. Niwa, T. Takahashi, M. Kitamura : "The Design of Human-Machine Interface for Accident Support in Nuclear Power Plants", Cognition, Technology and Work, 3, pp.161-176 (2001)
55) Y. Niwa, M. Terabe, T. Washio : "Autonomous Recovery Execution in Nuclear Power Plant by the Agent", Cognition, Work and Technology, Springer, 1-4, pp 197-210 (2000)
56) W.F. Ganong : "Review of Medical Physiology" [松田幸次郎，市岡正造，

東健彦, 林　秀生, 菅野富夫, 中村嘉男, 佐藤昭夫 (共訳)："医科生理学展望, 原著13版", 丸善 (1988)]
57) 安西裕一郎, 市川伸一, 外山敬介, 川人光男, 橋田浩一："岩波講座認知科学2　脳と心のモデル", 岩波書店 (1994)
58) 松浦啓一, 中尾弘之, 小嶋正治編著："脳の機能とポジトロンCT", 秀潤社 (1986)
59) 八田武志："脳のはたらきと行動のしくみ", 医歯薬出版 (2003)
60) 大木幸介："脳がここまでわかってきた―分子生理学による心の解剖", 光文社 (1989)
61) 伊藤正男, 梅本　守, 山鳥　重, 小野武年, 往住彰文, 池田謙一："岩波講座認知科学6　情動", 岩波書店 (1994)
62) 堺　　章："新訂 目でみるからだのメカニズム", 医学書院 (2000)
63) 苧阪直行："岩波科学ライブラリー3　意識とは何か", 岩波書店 (1996)
64) K.A. Ericsson, H.A. Simon："Protocol Analysis", the MIT Press (1984)
65) R.L. クラツキー著（川口　潤訳）："記憶と意識の情報処理", サイエンス社 (1986)
66) ランドルフ.R. コーネリアス著（斎藤　勇監訳）："感情の科学 心理学は感情をどこまで理解できたか", 誠信書房 (1999)
67) P. Ekman, W.V. Friesen著（工藤　力訳編）："表情分析入門", 誠信書房 (1987)
68) R.W. Picard："Affective Computing", The MIT Press (1997)
69) J.L. Andreassi著（辻敬一郎, 伊藤法瑞, 伊藤元雄, 杉下守男, 三宅俊治訳）："心理生理学", ナカニシヤ出版 (1985)
70) 宮田　洋（編）："現代心理学シリーズ2　脳と心", 培風館 (1996)
71) 田村　博（編）："ヒューマンインタフェース", オーム社 (1998)
72) 吉川榮和, 下田　宏, 長井義典, 小島真一："マンマシンインタフェースにおける人間のオンライン認知情報処理特性に関する基礎実験研究", システム制御情報学会論文誌, 3-9, pp.261-276 (1990)
73) 森　秀夫, 小島真一, 吉川榮和："問題解決過程における発話報告の自動分析化の研究", システム制御情報学会論文誌, 5-2, pp.41-53 (1992)
74) 吉川榮和, 黒田　諭, 西尾雄彦, 北村雅司："心理生理データによる認知行動の状態推定", システム制御情報学会論文誌, 5-5, pp.167-182 (1992)
75) 高橋　信, 北村雅司, 吉川榮和："ニューラルネットワークによるリアルタイム認知状態推定", 計測自動制御学会論文誌, 30-8, pp.892-901 (1994)

76) 黒岡武俊, 木佐昌文, 山下 裕, 西谷紘一: "脳波を用いたプラントオペレータの思考推定", 日本プラントヒューマンファクター学会誌, **3**-2, pp.100-109 (1998)
77) J. Healey, R.W. Picard: "Startle Cam—A Cybernetic Wearable Computer", 2nd International Symposium on Wearable Computers, pp.42-49 (1997)
78) 橋本周司: "顔の認識と合成", システム制御情報学会誌, **44**-3, pp.102-109 (2000)
79) 赤松 茂: "コンピュータによる顔の認識", 電子情報通信学会論文誌, J80-D-II, **8**, pp.1215-1230 (1997)
80) J.C. Terrillon, M. David and S. Akamatsu: "Automatic detection of human face in natural scene images by use of a skin color model and of invariant moments", Proc. of FG '98, pp.112-117 (1998)
81) 青木義満, 久富健介, 橋本周司: "分散協調処理を用いたロバストな能動的人物追跡システム", 画像電子学会誌, **28**-5, pp.596-604 (1999)
82) 大久保雅史, 渡辺富夫, 山田公成: "色情報を用いたオプティカル・スネークによる口唇運動抽出", 第14回ヒューマン・インタフェース・シンポジウム論文集, pp.175-179 (1998)
83) 間瀬健二: "オプティカルフロー抽出による表情筋の動作検出", 電子情報通信学会技術研究報告, PRU **89**-128, pp.17-24 (1990)
84) 小林 宏, 原 文雄: "ニューラルネットによる人の基本表情認識", 計測自動制御学会論文集, **29**-1, pp.112-118 (1993)
85) P. Ekman, E.L. Rosenberg: "The Facial Action Coding System", Consulting Psychologists Press (1978)
86) 下田 宏, 國弘 威, 吉川榮和: "動的顔画像からのリアルタイム表情認識システムの試作", ヒューマンインタフェース学会論文誌, **1**-2, pp.25-32 (1999)
87) H. Shimoda, D. Yang, H. Yoshikawa: "Dynamic Facial Expression Generation by using Facial Muscle Model", Proceedings of World Multiconference on Systemics, Cybernetics and Informatics, IX, pp.56-61, (2000)
88) K. Waters: "A Muscle Model for Animating Three-Dimensional Facial Expression", Computer Graphics, SIGGRAPH '87, **21**-4, pp.17-24 (1987)
89) 青木義満, 橋本周司: "解剖学的知見に基づく顔の物理モデリングによる表情生成", 電子情報通信学会論文誌, J82-A-4, pp.573-582 (1999)

90) P. Persson, J. Laaksolathti, P. Lonnqvist : "Understanding Socially Intelligent Agents — A Multilayered Phenomenon" IEEE Trans. Syst., Man, Cybern., **31**-5, pp.349-358 (2001)
91) I. Roseman, A. Antoniou, P. Jose : "Appraisal Determinants of Emotions : Constructing a more Accurate and Comprehensive Theory", Cognit. Emotion, **10**-3, pp. 241-77 (1996)
92) A. Ortony, G.L. Clore, A. Collins : "The Cognitive Structure of Emotions", Cambridge University Press (1988)
93) N. Cantor, W. Mischel : "Prototypes in Person Perception", in Advances in Experimental Psychology, L. Berkowits, Ed. New York Academic, **12** (1970)
94) C. Breazeal, B. Scassellati : "Infant-like Social Interactions Between a Robot and a Human Caretaker", Adaptive Behavior, **8**, pp.49-74 (2000)
95) T. Watanabe, M. Okubo : "Sensory Evaluation of Expressive Actions of InterRobot for Human Interaction and Communication Support", Proc. of the 10 th IEEE International Workshop on Robot and Human Interactive Communication (RO-MAN 2001), pp.44-49 (2001-9)
96) 横山章光："総合病院小児科における AIBO での RAA の試行", 第15回ヒューマンインタフェース学会研究報告集 (2001)
97) 飯田史也，綾井晴美，原　文雄："人間の自然教示による顔ロボットの行動学習", 日本機械学会講演会，１P 1-75-112 (1999)
98) 市川　熹，神田和幸，黒川隆夫，佐川浩彦，長嶋祐二："手話日本語間の自動翻訳とその周辺", ヒューマンインタフェース学会誌，**3**, pp.179-188 (2001)
99) 大林史明，下田　宏，吉川榮和："仮想生徒へ「教えることで学習する」CAI システムの構築と評価", 情報処理学会論文誌 **41**-2, pp.3386-3393 (2000)
100) 伊藤京子，神月匡規，吉川榮和："知識の共有と相互交流の広場としての「共生社会づくり」の場を提供する Web Site の設計と構築　その３：キャラクタエージェントを導入した新しい Web Site の実験と今後の展望", ヒューマンインタフェース学会研究報告集 (2002)
101) 橋本邦衛："安全人間工学", 中央労働災害防止工学会 (1984)

演習問題の解答

── 1章 ──

【問1.1】 例えば，個人の嗜好に合わせた画面デザインなどの出現を促した，特別な訓練を経ないユーザにとっての使いやすさが問題となった，コンピュータの利用環境が多様化して一緒に利用されている機器などがわからなくなった，個人間でのデータ通信という新たなニーズが出てきた，など。

【問1.2】 例えば，自動車で後進位置にシフトレバーを入れると音が出る機構，航空機で飛行中にスポイラー（主翼の減速用板）を立てられない機構，など。

【問1.3】 ユーザは必ずしも自分の欲しいもの，体験したいことを明確に意識しているわけではない。したがって，潜在的なニーズ，言語化されていないニーズを発掘することが大きな課題となる。

【問1.4】 研究者が用意する尺度に回答する方法では，研究者の視点が尺度に反映されており，被験者の広範囲の感性すべてを的確に把握できるとは限らない。自然言語で印象を回答してもらう方法では，個人によって言葉の使い方が異なるため，個人間での比較が難しい。

── 2章 ──

【問2.1】 本文2.2.2節参照。

【問2.2】 人が一度に注意を向けられる対象の数は，マジカルナンバー7に従って，7±2程度の数に制限される。監視モニタの数もこの数に制限されるべきであろう。ただし，モニタを地域によってグループ化したり，概要を見るモニタと詳細地域を監視するモニタを分けたりすること（チャンク化）により，より多くのモニタを監視できるようになる。

【問2.3】 例えば，過去の思い出（写真，ビデオ，日記）を地図情報システムと結びつけて記録するシステム，いつどのようなことを行ったかを調べるための日記データベース（Weblogなど），コンピュータ上で行っていた作業が別の用事で中断されたときに，作業の再開時に以前の作業の内容，目的，過程を教示する機能，会ったことのある人の名前を思い出せないときに，携帯電話の写真機能で撮影した顔写真から名前や職業などを教えてくれる人物データベース，など。

【問2.4】 機器の組み立て方法を言葉とCG（コンピュータグラフィックス）で教えるシステム，折り紙の折り方を言葉とCGで教えるシステム，スポーツにおいてフォームを矯正するために個人のビデオ映像上に修正すべき箇所や修正方法を図で示すシステム，など。

【問2.5】 物理的な操作ボタンを模したボタンアイコン，自然言語による会話を促進するアバター，ウィンドウの横や下に付けられたスライドバー，など。

演習問題の解答 183

【問2.6】 使いやすい道具にはアフォーダンスがあるが、だからといって、学習なしにうまく使えるとは限らない。アフォーダンスは用途について教えてくれるだけであって、使いこなすこととは別である。よいアフォーダンスがあっても学習は必要である。

【問2.7】 人を見れば、自然言語で話しかける、感情がわかる、行動の意味を理解する、などのアフォーダンスが提供されると考えられる。このようなアフォーダンスを利用した工夫としてアバターがある。アバターは、人らしいエージェントを提供することで、ユーザに対して話しやすさなどに関するアフォーダンスを提供していると考えられる。しかし、実際の人間に話しかけることが苦手な人もアバターには話しかけやすいという例もあり、CGによるアバターは実際の人間とは異なる面も持っている。

【問2.8】 フレーム問題からわかるように、あらかじめ考慮できる条件には限りがある。すべての条件をリストアップしておくことはできない。また、各条件をどのように解釈するかは他の条件との関係で決まる部分があり、これも予見することはできない。フレーム問題は、人間が状況的な存在であることから発生する根源的な問題なのである。

—— 3章 ——

【問3.1】 本文3.1.4節参照。

【問3.2】 ①モードエラー、②囚われエラー、③記述エラー、④トリガリング、⑤活性化の喪失

【問3.3】 監視段階ではスキルベースのスリップ、問題解決段階ではルールベースと知識ベースのミステークが生じる。これらの三つのエラーの特徴は、3.2.4節の表3.7参照。

【問3.4】 本文3.3.1節および図3.7参照。

【問3.5】 本文3.4.1節および表3.13参照。

【問3.6】 本文3.5.1節参照。

【問3.7】 ヒント：言葉で説明すると、異常を検知したときに観察した特徴的な症候から連想により異常原因の仮説を想起し、これが成り立つかを異常仮説をもとに状態の進展を予測し、これを実際のインタフェースでの提示情報と比較し、これが成立すると確信すれば、異常原因がわかったとしてそれに対応する操作を行う。しかし、十分確信が持てなければその程度に応じて仮説が成立するまでもう少し様子を見続けるか、あるいは仮説が間違っていたとして別の仮説を立て直してこれが成立するかを観察する、という繰り返しになる。用心深い人ならば、その異常仮説が成立すると確信した場合に、その他の理由ではないか、と他の可能性を検証し、それらではないと確信してから対応操作に移る。この一連の過程を例えばブロック線図で描けばよい。

—— 4章 ——

【問4.1】 コンピュータの基礎理論であるディジタル論理回路では、組合せ回路と

順序回路を用いて記憶を書き込んだり，記憶を維持したり，更新したりする回路がある．このことからニューロン間にフィードバックがあってオートマトン機能のあるニューロン回路がそのような記憶機能を担っていると考えることができる．

【問 4.2】 被験者の行動を観察し，記録する．ヒューマンインタフェースへの操作，そのときの表情変化，しぐさ等をビデオ記録し，被験者の認知状態や心理状態を分析に用いる．被験者の主観評価，操作中の発話記録(同時発話プロトコル)や操作後のアンケートやインタビュー記録を分析に用いる．

【問 4.3】 心拍は交感神経と副交感神経の拮抗で変化する．覚醒，興奮，思考状態で交感神経が優位になり心拍が上昇するが，睡眠や休息状態，あるいは外の情報を受け入れようとするときのように知覚に集中しているときには副交感神経が優位となり，心拍が下降する．試験や面接のときに上がらないようにするにはどうしたらよいか．眼をつぶって深呼吸すると心拍も血圧も下がってきて落ち着きますよ．

【問 4.4】 メンタルワークロード(MWL)の推定には，循環器系の指標計測，アンケートによる主観評価，タスクパフォーマンスによる評価，行動観察による評価などがある．循環器系の指標計測では，心拍，血圧，呼吸等を計測し，MWLを推定する．アンケートによる主観評価では，MMSやNASA-TLX等のアンケートを用いてMWLを推定する．タスクパフォーマンスによる評価では，例えばタスクを完遂する時間など作業のパフォーマンスが計測できるタスクの場合に適用可能であり，その変化からMWLを推定する．行動観察では，タスク実行中の表情，操作，体動，重心動揺からMWLを推定する．以上に挙げた方法はいずれも手間が掛かる方法なので，もっと簡単で直観的なMWLの計測法としては，例えば問題を解決するまでに要した時間をストップウオッチで計ることを試みるとよいだろう．その他，心理学実験でMWLの実験手法としてよく用いられる副次タスク法では，本来行うべきタスク以外に，別のタスクをときどき被験者に与えて別のタスクの遂行成績をもとに本来すべきタスクの与えるMWLを推定する．つまりタスクが簡単なら余計な副次タスクをする時間的余裕もあるが，やることが難しくなってくると副次タスクをする余裕がなくなってくるので，副次タスクをちゃんとこなしているかどうかで本来のタスクがどれだけMWLを要するかが推定できるというものである．これは航空パイロットの操縦タスクの難易度を測る方法として実用化されている．

【問 4.5】 眼球の輻輳運動とは，視点位置が手前に移動するときに両眼が水平方向に内転する運動で，開散運動とは，視点位置が遠方に移動するときに両眼が水平方向に外転する運動である．以上の二つの運動は特に視対象が遠近両方向にある場合に生じるもので，視対象の奥行きの知覚に関係している．一方，追従運動とは，ゆっくりと移動する視対象を視点で追跡するときの眼球運動であり，眼球の回転速度が30度/秒以下のもので，追従運動中は視対象を知覚している．跳躍運動はサッケードとも言われ，視対象の動きが早すぎて追従運動では視対象を追う

ことができないときや，視界の中の見る対象をつぎからつぎへと変更する場合に生じる速い眼球運動であり，眼球の回転速度が30度/秒以上で500度/秒程度になる場合もある。なお，跳躍運動を行っている最中は視対象を知覚していない。なお，なぜ眼を動かしてものを見る（中心視する）のかは，ものを細かく見分けることのできる視細胞（錐体）が網膜中心部（中心窩）に集中しているためである。

【問4.6】 強い情動や好奇心では瞳孔が散大する。また，思考を伴う心的負荷の増加によっても瞳孔が散大する。強い感情変化を伴わない嫌悪刺激には，瞳孔が収縮する。女性は瞳孔が大きいと魅力的に見えることから，フランスのルイ王朝の貴婦人が盛装して舞踏会に出掛けるときには，瞳孔が拡張する目薬を愛用した。女性に可愛い赤ちゃんの写真を見せて彼女の瞳がどう変わるか調べよう。また友達にかわいいアイドルの写真を見せて瞳孔の反応を見よう。

【問4.7】 自分が問題をどのように解こうとしているかその考え方を説明しているとインタフェースに次々に提示される情報の変化を見落としてしまうが，解く過程で覚えておくべきことだけを口で繰り返して記銘していれば問題は早く解ける。

【問4.8】 自分が無意識に感動したり，驚いたりするようなときに皮膚伝導率が急に変化するので，この皮膚伝導率の急な変化をセンサで感知したときにビデオをONにしてそのときの外界のシーンを一定時間だけビデオ収録していけば，自分史として印象に残る一日の出来事をあとで振り返ることができる。

【問4.9】 タスクをする前は安静状態とすればα波は支配的であるが，タスクを行い出すとα波がブロックされてβ波が出現する。しかしβ波は必ずしも頭皮全体に及ばず局所的なので，β波が後頭部なら視覚，頭頂部なら判断，側頭部なら聴覚がおもに関与しているというように，そのβ波の出現する部位でタスクの性質がある程度推測できる。

橋本[101]は人の意識フェーズを5段階に分けているが，意識フェーズごとの状態，注意力，誤操作率を下表に示す。

フェーズ	状　態	注意力	誤操作率
0	睡眠，脳発作	ゼロ	—
I	疲労，単調，いねむり	停止	1/10 以下
II	定例作業時，休息時	不活発（内的）	$1/100 \sim 1/10^{-4}$
III	積極的活動時	活発（外的）	10^{-5} 以下
IV	慌てている，パニック状態	判断停止	1/10 以上

この表よりヒューマンエラー防止には人をフェーズIIIに保つことが最も良いが，この状態は15～20分程度しか持続できない。タスク遂行時間が長いとしだいにフェーズIIに向かい，さらにタスクを継続すればフェーズIになってしまう。したがってこのような人間の自然な特性を考慮するとタスク設計はフェーズIIIとフェーズIIとの切り替えを適切に行えるように考慮すべきである。フェーズIIIでは脳波状態はβ波が支配的，フェーズIIではα波成分が優勢になることに着目し，タスク設計の評価実験に脳波計測を用いればよいだろう。また，例えば車や

電車を運転する際に，簡便で負担の少ない脳波センサを人が装着するようにすれば連続的に脳波状態がモニタできるので，フェーズ0，I，IVのような危険な場合に警告することができて事故を防止できる。

【問4.10】 1回の状態遷移当たり平均情報量は次式のような情報エントロピーIに相当する。

$$I = \sum_i \sum_j P_i P_{ij} \log_2 \left(\frac{1}{P_{iji}}\right)$$

ただし，P_iは状態iの存在確率，P_{ij}は状態iから状態jへの遷移確率である。この式をもとに計算すると情報エントロピーは1.08となる。被験者に課すタスクの情報エントロピーがこのように理論的に推定されるならば，これは客観的なメンタルワークロードになぞらえることができる。事実，この実験の場合，被験者が問題を解くのに要した時間を主観的なワークロードと考えて 状態遷移図のパターンを変えたExperiment 1での多数の被験者の実験データを整理したところ，エントロピーとタスク遂行時間の間にはある程度比例関係が観察された。

インタフェースを設計してから人のメンタルワークロードを計測することはできるが，適切な値になるまで設計を繰り返すのはコストがかかるので，事前にメンタルワークロードを予測できる客観的な評価法が望まれる。情報エントロピーはそのような手法の一つである。

—— 5章 ——

【問5.1】 人があるものごとに対してどのように感情を持ち反応するかを記述するもので，例えば，自分の友人が就職内定の知らせを聞いてその企業が友人の望んでいた会社であり，自分も心から喜ぶ，というのがこの図5.3の一番左側の流れである。

【問5.2】 例えば，友達から電話が掛かってきたとき，自分が用事で手が離せないときはそれを察していちいちこちらが呼び出しに応じなくても「いま手が離せないから後で」とメッセージを発信するとか，用件を代わりに聞いておいて友達の顔とメッセージを自動録画してくれるなど，が考えられる。

【問5.3】 携帯を身につけているだけで自分の血圧，体温，汗などを知らない間に計って今日の体調や気分を判断し，それに合わせて着メロ音楽の曲，ムードを変えてくれるなどが考えられる。

索　　引

【あ】

アイカメラ　　　　　　　　141
アイコニックメモリ　　　　21
アウェアネス　　　　　　　137
アクションユニット　　　　157
アクチュエータ　　　　　　60
浅いAIアプローチ　　　　　102
温かい認知　　　　　　　　65
アバター　　　　　　　　　47
アフェクティブインタ
　フェース　　　　　　　12,152
アフォーダンス　　　　　46,60
アブダクション　　　　　　37
アルファ（α）波　　　　　134
安全性を最優先する
　システム　　　　　　　6,105
安全文化　　　　　　　　　98
暗黙知　　　　　　　　　　50
暗黙値　　　　　　　　　　69

【い】

意　識　　　　　　　　　　116
意識的処理部　　　　　　　39
意識的モード　　　　　　　42
維持リハーサル　　　　　　23
1次リハーサル　　　　　　23
一般活性化器　　　　　　　74
意図した行動シーケンス　　67
意図に反するスリップ
　シーケンス　　　　　　　67
違　反　　　　　　　　　94,97
意味解釈器　　　　　　　　73
意味記憶　　　　　　　　　25
意味的プライミング　　　　28
意味のネットワークモデル
　　　　　　　　　　　　　28
因　果　　　　　　　　　　77

インターネット　　　　　　1
インタフェースエージェ
　ント　　　　　　　12,63,65,161
インタフェースの認知的
　不調和　　　　　　　　　88
インターロック　　　　　　65
イントロボット　　　　　　170

【う】

ウェアラブルコンピュータ　3
ウェーバーの法則　　　　　14
ウェーバー・フェヒナー
　の法則　　　　　　　　　14
運転員シミュレータ　　　88,90
運動処理系　　　　　　　　21
運動神経　　　　　　　　　116
運動制御　　　　　　　　　127

【え】

エコイックメモリ　　　　　21
エージェント　　　　　　　63
エージェントメタファー
　　　　　　　　　　　　　161
エクマンの六つの基本感情
　　　　　　　　　　　　　144
エピソード記憶　　　　　24,25
エラーの形式　　　　　　　68
エルゴノミクス　　　　　　4
演繹的推論　　　　　　　　37
エンターテイメントロボ
　ット　　　　　　　　　　171

【お】

教えて学ぶCAI　　　　　　65
オブジェクト指向プログラ
　ミング言語　　　　　　　30
オミッション　　　　　　　94
オミッションエラー　　　　98

オントロジー　　　　　　　25
オンライン型オブジェクト
　指向データベース　　　　91
オンライン認知状態推定器
　　　　　　　　　　　　　149

【か】

外界にある知識　　　　　　86
回顧発話　　　　　　　　　139
解　釈　　　　　　　　　　75
顔表情　　　　　　　　　　153
顔表情合成　　　　　　　　156
顔ロボット　　　　　　　　172
化学伝達物質　　　　　　　121
学習エージェント　　　　　173
確証バイアス　　　　　　　37
覚　醒　　　　　　　　　133,137
覚醒度　　　　　　　　　　144
拡張現実感　　　　　　　　3,62
拡張現実感技術　　　　　　62
カクテルパーティ現象　　　18
確率論的リスク評価法　　　102
過　誤　　　　　　　　　94,97
仮説検証　　　　　　　　　81
仮説検定　　　　　　　　　76
仮説推論　　　　　　　　　38
仮説生成　　　　　　　　　81
家族的類似性　　　　　　　33
「語り合う」記憶　　　　　37
活性化　　　　　　　　　　74
活性化拡散モデル　　　　　28
カテゴリー判断　　　　　　32
カードの人間情報処理
　モデル　　　　　　　　　19
「体が覚えている」認知　　49
感　覚　　　　　　　　　　13
感覚記憶　　　　　　　　　18
感覚受容器　　　　　　　15,116

感覚神経	116	交感神経	129	視点	141
感覚神経系	15	構成	77	自伝的記憶	25
感覚様相	14	構造化	73	自動性	127
干渉	25	行動主義	5	シナプス	121
感情	116	行動主義心理学	94	シナプス結合	125
――の計算	143	興奮性伝達	122	指標	142
感情反応	116	呼吸数	132, 133	自分の価値観を内省する	
感性	10	黒板	82	CAI	65
感性処理	10	黒板制御モデル	82	社会的構成主義説	142
間接支援	107	黒板モデル	92	社会的知性	161
間接操作型	63	「こと」の記憶	25	社会的な記憶	36
観測	75	個別対応	9	社会的役割	167
ガンマ(γ)波	134	語法効果	25	習慣化による自動化	43
【き】		コミッション	94	自由再生	23
		コミッションエラー	98	習熟	138
記憶	75	混乱状態	79	周辺記憶	73
――のシステム	27	【さ】		樹状突起	120
機会主義的	79			手話インタフェース	172
記号	58	再生	24	順行干渉	25
記号推論	80	再認	24	状況に埋め込まれた	49
擬人化インタフェース	153	サーカディアンリズム	133	状況認識支援システム	108
擬人化エージェント	155	作業記憶	21	状況論的アプローチ	48
気づき	18	錯視図	16	状態	77
帰納的推論	37	【し】		情緒	131
気分	131			情緒指数	144
記銘	21	シェマ	29	焦点記憶	73
逆行干渉	25	ジェームズ説	142	焦点的注意	139
キャノン・バード説	131	ジェームズ・ランゲ説	131	情動反応	131
キャラクタエージェント		視覚イメージ貯蔵庫	20	情報行動計測	115
	174	時間信頼性曲線	103	情報処理的アプローチ	5
共感	163	軸索	120	初頭効果	23
協調的問題解決	83	刺激	13	ショートカット	62
筋肉モデル	156	刺激閾	13	処理水準モデル	23
【く, け】		刺激頂	14	自律型ロボット	169
		刺激反応特殊性	147	自律神経系	116
クリティカルシンキング	64	自己意識	137	自律反応	118
群化	17	事後情報効果	25	事例ベース推論	38
計画	75	指示的な視線	165	新奇性	83
携帯電話	1	視床下部	128	新近性効果	23
ゲシュタルト	17	シースルー型ヘッドマウン		神経回路	118, 122
気配情報	18	テッドディスプレイ	62	神経系	116
現金自動支払い機	1	視線	165	神経細胞	120
限定合理性	40, 70	自然言語	11	信号	58
【こ】		シータ(θ)波	134	人工知能	11, 29
		実行	75	身体運動	116
行為の認識	138	実世界指向現実感	62	身体的インタラクション	

索引

ロボット		170
人的作業のワークロード		88
信　念		82
心　拍		132
心拍数		133
親密な関係		168
心理生理学		131,146

【す】

睡　眠		133
推　論		37
好き嫌いの正負		144
スキーマ		26,29
スキルベース		59
スクリプト		29
ステレオタイプ		32
図と地		57,138
ストレス		129
図による推論		35
スリップ		63,65
スリーマイル島原子力発電所事故		6

【せ】

制御パラメータ		79
制御モデル		74
精神物理学		14
精緻化リハーサル		23
生理指標		116
生理反応		116
宣言的記憶		26
センサ		60
戦術的制御		79
専門家型		84
戦略的制御		79

【そ】

想起と忘却		21
俗信的論理		37
遡行推論		38
組織心理学		94

【た】

第一次感情		143
大衆心理		162
体性神経系		116
体内時計		134
第二次感情		143
大脳皮質		116
大脳辺縁系		116
タイムラインチャート化		141,149
ダイレクトマニピュレーション		62
ダーウィン説		142
多義的絵		16
タスク分析		102
多層流れモデル		85
短期記憶		18,21,139
タンジブルビット		48
探偵型		84

【ち】

チェルノブイリ事故		6
知　覚		13
知覚処理系		20
地形的探索		76
知識源		83
知識ベース		59,74
――の計画		76
知識モデル		74
知　性		10
知的社会エージェント		161
知的処理		10
知的認識		138
知能指数		144
チャンク		21,22
チャンク化		22
注　意		16,39,57,137
中枢神経系		116
中枢説		131
聴覚イメージ貯蔵庫		20
長期記憶		18,21
微候則		41
微候的探索		76
調　節		29
直接支援		107
直接操作型		63
直接プライミング		29

【つ,て】

冷たい認知		65
定義的特徴		32
定型的モード		42
ディジタルデバイド		2
適応刺激		15
データグローブ		173
手続き的記憶		26
デファクトスタンダード		4
電子自治体システム		51
電子メール		1
伝統的AIの限界		86

【と】

同　化		29
道具メタファー		161
同時発話		139
特　徴		167
特徴比較モデル		28
特定活性化器		74
トークン		85
トップダウンな問題解決		83
トポグラフ		134
トランジション		85

【な】

内観法		139
内分泌系		128
内分泌腺		128
ナビゲーション		111

【に, の】

2次リハーサル		23
ニューラルモジュール		125
ニューロン		120
人間感覚量		145
人間環境相互作用		90
――のシミュレーションフレーム		87
人間機械共存系		109
人間機械系		54
人間工学		5
人間信頼性解析法		102
人間中心の自動化		106
人間とコンピュータとの相互作用		3
認知科学		11
認知環境シミュレーション		84

認知行動　　　　　　　　116
　──の多段梯子型モデル
　　　　　　　　　　　　42
認知システム工学　　　　　6
認知処理系　　　　　　　21
認知心理学　　　　　　　94
認知説　　　　　　　　 142
認知的道具　　　　　　　49
認知フィルタ　　　　　　73
脳下垂体　　　　　　　 128
脳　波　　　　　　　　 134
ノンバーバルコミュニケー
　ション　　　　　　　 164

【は】

バイオフィードバック　133
バインディング　　57,137
パソコン　　　　　　　　5
パーソナルコンピュータ　1
バーチャルリアリティ
　　　　　　　　　　62,93
発見的知識　　　　　　　40
発　話　　　　　　　　 116
発話報告　　　　　　　139
パフォーマンス　　　　　55
　──に及ぼす要因　　 101
パペッツの情動回路　　 131
ハムレット型　　　　　　84
バリアフリーデザイン　　9
汎　化　　　　　　　　　37
反響回路　　　　　　　123
汎用エラーモデリングシス
　テム　　　　　　　　　66

【ひ】

ビジネス過程のリエンジニ
　アリング　　　　　　　51
非単調推論　　　　　　　84
皮膚電位　　　　　　　132
皮膚電気反射　　　　　133
比　喩　　　　　　　　　38
ヒューマンインタフェース
　　　　　　　　　　　1,2
ヒューマンエラー　　　　63
ヒューマンエラー率　　　98
ヒューマンエラー率予測

技法　　　　　　　　　　98
ヒューマンコンピュータ
　インタラクション　　　63
ヒューマンファクタ　　　4
ヒューマンモデル　　　　72
ヒューリスティックス
　　　　　　　　　4,37,40
標　識　　　　　　　　164
表　情　　　　　　　　116
頻度による賭け　69,74,76

【ふ】

ファジィ集合　　　　　　80
フィッツリスト　　　　　54
フェイルアズイズ　　　　65
フェイルセーフ　　　　　65
フォールトツリー　　　111
深いAIアプローチ　　　161
不完全性定理　　　　　　41
副交感神経　　　　　　129
袋小路型　　　　　　　　84
符　号　　　　　　　　　58
符号化特定性原理　　　　23
普遍則　　　　　　　　　41
プライバシーの侵害　　　7
フラッシュバルブメモリ　36
プラントシミュレータ　　88
プラントパラメータ　　　79
プラントP&IDダイアグ
　ラム　　　　　　　　　92
プレース　　　　　　　　85
フレーム　　　　　　　　29
フレーム問題　　　　　　40
プロセスモデル　　　　　74
プロダクションルール　　84
分散コンピューティング　7
分散シミュレーション　　90
文脈効果　　　　　　　　23

【へ】

べき乗の法則　　　　　　14
ベータ（β）波　　　　134
ヘッドマウンテッドディ
　スプレイ　　　　　　　62
ペトリネット　　　 85,92
扁桃体　　　　　　　　132

弁別閾　　　　　　　　　14

【ほ】

忘　却　　　　　　　　　24
放浪型　　　　　　　　　84
保護的障壁　　　　　　　97
保　持　　　　　　　　　21
ボトムアップな問題解決　83
ホメオスタシス　　　　127
ポリグラフ　　　　　　132
ホルモン　　　　　　　128
ホルモン分泌　　　　　118
翻　意　　　　　　　　　85

【ま】

マグニチュード推定法　　14
マジカルナンバー7　　　22
マックリーンの情動の受容
　理解システム　　　　131
末梢神経系　　　　　　116
末梢説　　　　　　　　131
マルチウィンドウ　　　　5
マンマシンシステム　　　88

【み，む】

見えないシグナル　　　143
ミエリン鞘　　　　　　120
見えるシグナル　　　　143
ミステーク　　　　　63,65
無意識的処理部　　　　　39
無髄神経　　　　　　　120

【め】

メタ情報　　　　　　　109
メタ認知　　　　　　　　64
メタファー　　　　　　　62
メンタルモデル　　　　　57
メンタルローテーション　35

【も】

目　標　　　　　　　　　77
目標指向型　　　　　　　42
「モジュール的」情報処理
　　　　　　　　　　　　17
モダリティ　　　　　　　14
モデルベースの深い推論　84

「もの」の記憶	25	
問題解決課題	140	

【ゆ，よ】

有髄神経線維	120
誘発	46
誘目度	83
ユーザエクスペリエンス	8,53
ユーザ中心設計	7
ユーザと設計者の乖離	52
ユニバーサルデザイン	9
ユビキタス	1
ユビキタスコンピューティング社会	6

容積脈波	133
抑制性伝達	122
予防的障壁	95

【ら】

ラスムッセンの運転員モデル	59
ラプス	65
ランビエ絞輪	120

【り】

リカーシブ	138
リハーサル	23

利用可能性ヒューリスティックス	37
理論ベースのカテゴリー判断	34

【る，ろ】

類似性照合	76
類似性による照合	69,74
類似度	81
類推	38
ルールベース	59
——の計画	76
ロールプレイング	174

【A】

α ブロッキング	135
AI	29
AIS	20,21
ANS	116
ATM	1
ATS 理論	64
AU	154,157
availability	70

【B，C，D】

bounded rationality	70
BPR	51
CALS	51
CES	84
double capture slip	68

【E，F，G】

EEG	134
EQ	144
FACS	143,154
FWM	73
GEMS	66

【H，I，K】

HCI	3,63
HRA	102
IQ	144
Kansei	10
KB	74

【L，M，N】

LTM	18
MFM	85
MMI シミュレータ	88
MMS	88
MOPs	31
non-REM 睡眠	136

【P，R】

PRA	102
PSF	101
PWM	73
REM 睡眠	136

【S】

safety-critical なシステム	6,105
SD 法	11
SEAMAID システム	88
selectivity	44
sign	75
S-rule	41
STM	18
strong-but-wrong	68

【T，U，V】

THERP	98
TOT 現象	26
T-rule	41
UCD	7
VENUS	93
VIS	20,21

【W】

WM	21

―― 編著者・著者略歴 ――

吉川　榮和（よしかわ　ひでかず）
- 1965 年　京都大学工学部電気工学科卒業
- 1970 年　京都大学大学院工学研究科博士課程修了
　　　　　（電気工学第二専攻）
- 1970 年　京都大学助手
- 1971 年　工学博士（京都大学）
- 1974 年　動燃事業団勤務
- 1981 年　京都大学助教授
- 1992 年　京都大学教授
- 2004 年　京都大学大学院エネルギー科学研究科長
- 2006 年　京都大学名誉教授
- 2008 年
- ～18 年　中国ハルビン工程大学特別招聘教授

仲谷　善雄（なかたに　よしお）
- 1981 年　大阪大学人間科学部人間科学科卒業
- 1981 年　三菱電機株式会社勤務
- 1989 年　学術博士（神戸大学）
- 1991 年　米国スタンフォード大学客員研究員
- 1998 年　株式会社ドーシス出向
- 2001 年　三菱電機株式会社帰任
- 2004 年　立命館大学教授
- 2014 年　立命館大学情報理工学部長・情報理工学研究科長
- 2018 年　学校法人立命館副総長（研究等担当）
- 2019 年　学校法人立命館総長・立命館大学長
　　　　　現在に至る

下田　宏（しもだ　ひろし）
- 1987 年　京都大学工学部電気工学第二学科卒業
- 1989 年　京都大学大学院工学研究科修士課程修了
　　　　　（電気工学第二専攻）
- 1989 年　株式会社島津製作所勤務
- 1996 年　京都大学助手
- 1998 年　博士（工学）（京都大学）
- 1999 年　京都大学助教授
- 2007 年　京都大学准教授
- 2012 年　京都大学教授
　　　　　現在に至る

丹羽　雄二（にわ　ゆうじ）
- 1979 年　大阪大学大学院基礎工学研究科前期課程修了（物理系制御工学専攻）
- 1979 年　関西電力株式会社勤務
- 1997 年　博士（工学）（京都大学）
- 2004 年　横浜国立大学客員助教授
- 2005 年　横浜国立大学助教授
- 2007 年　横浜国立大学准教授
- 2009 年
- ～11 年　名古屋工業大学特任教授

ヒューマンインタフェースの心理と生理
Psychology and Physiology of Human Interface　　ⓒ Hidekazu Yoshikawa 2006

2006 年 3 月 20 日　初版第 1 刷発行
2022 年 4 月 25 日　初版第 7 刷発行

検印省略	編 著 者	吉　川　榮　和
	発 行 者	株式会社　コロナ社
		代 表 者　牛来真也
	印 刷 所	壮光舎印刷株式会社
	製 本 所	株式会社　グリーン

112-0011　東京都文京区千石4-46-10
発行所　株式会社　コロナ社
CORONA PUBLISHING CO., LTD.
Tokyo Japan
振替 00140-8-14844・電話 (03) 3941-3131 (代)
ホームページ https://www.coronasha.co.jp

ISBN 978-4-339-02415-9　C3055　Printed in Japan　　　　　（佐藤）

〈出版者著作権管理機構 委託出版物〉
本書の無断複製は著作権法上での例外を除き禁じられています。複製される場合は，そのつど事前に，出版者著作権管理機構（電話 03-5244-5088，FAX 03-5244-5089，e-mail: info@jcopy.or.jp）の許諾を得てください。

本書のコピー，スキャン，デジタル化等の無断複製・転載は著作権法上での例外を除き禁じられています。購入者以外の第三者による本書の電子データ化及び電子書籍化は，いかなる場合も認めていません。
落丁・乱丁はお取替えいたします。